断奶仔猪多系统衰竭综合征

病理组织学及综合防治

董发明　著

化学工业出版社

·北京·

图书在版编目（CIP）数据

断奶仔猪多系统衰竭综合征病理组织学及综合防治/董发明著. —北京：
化学工业出版社，2020.8
ISBN 978-7-122-36721-1

Ⅰ.①断…　Ⅱ.①董…　Ⅲ.①仔猪-多器官功能衰竭-综合征-病理组织学
②仔猪-多器官功能衰竭-综合征-防治　Ⅳ.①S858.28

中国版本图书馆 CIP 数据核字（2020）第 078054 号

责任编辑：邵桂林　　　　　　　　　　　装帧设计：关　飞
责任校对：宋　玮

出版发行：化学工业出版社（北京市东城区青年湖南街13号　邮政编码100011）
印　　装：北京盛通商印快线网络科技有限公司
710mm×1000mm　1/16　印张 11½　字数 203 千字
2020 年 7 月北京第 1 版第 1 次印刷

购书咨询：010-64518888　　　售后服务：010-64518899
网　　址：http://www.cip.com.cn
凡购买本书，如有缺损质量问题，本社销售中心负责调换。

定　　价：75.00 元　　　　　　　　　　　　版权所有　违者必究

前言

随着生产力的发展和科技进步,我国的养猪业正由传统的一家一户分散型的传统的小农经济生产方式向专业化、企业化和规模化的养猪业迈进,饲养数量日益增大。发展规模化养猪正成为农业经济、特别是乡镇和村级经济新的增长点,是转移农村剩余劳动力、增加农民收入的重要途径。长期以来,我国养猪处于生产水平低、饲料转化率低、出栏率低、劳动生产率低、死亡率高的"四低一高"状况。有关资料显示,我国猪每年死亡头数占存栏数的 10%~12%,是发达国家的两倍,疫病危害是制约我国养猪业,特别是规模化养猪业发展的主要问题之一。

断奶仔猪多系统衰竭综合征(Post-weaning multisystemic wasting syndrome,PMWS)主要是由猪圆环病毒Ⅱ型(Porcine circovirus-Ⅱ,PCV2)感染所致的一种慢性、进行性高致死率的疾病,主要发生于 6~10 周龄的仔猪,受感染的猪群发病率约为 2%~50%,死亡率 50%~80%,甚至 100%。存活的病猪发育明显受阻,变成僵猪。该病给亚洲及全球养猪业造成了很大的经济损失,已成为危害养猪生产的主要疾病之一。该病除引起猪体发生原发感染甚至死亡之外,更重要的是使感染猪的免疫功能受到损害,结果导致机体抵抗力下降,易引起病原的并发或继发感染,使病情加重,造成更大损失。这种可导致免疫抑制的病毒,由于常以亚临床感染的形式出现,常易为我们所忽视,因此更应给予特别的关注。该病最早于 1991 年在加拿大西部发生,Clark(1997)和 Hauding(1997)详细描述了一种新的猪传染病,该病具有独特的组织病理学 1 变化特征,他们将之命名为断奶仔猪多

系统衰竭综合征 (Postweaning Multisystemic Wasting Syndrome，PMWS)。随后欧洲、美洲和亚洲等国家都相继报道了此病。虽然早期在患有 PMWS 病猪的组织中检测到了猪圆环病毒 (Porcine Circovirus，PCV) 抗原和核酸，但当时并未认为 PCV 是 PMWS 的致病因子。20 世纪 70 年代 PCV 作为一种可持续感染 PK-15 细胞的外来病毒被发现。现在人们知道 PMWS 主要是由 PCV 引起之后，新的研究发现 PCV 分为两个类型，即 PCV1 和 PCV2。PCV1 被认为是 PK-15 细胞培养的污染物，不会导致猪只发病，而 PCV2 被认为与 PMWS 有关。最初的血清学调查研究表明许多健康猪具有 PCV1 抗体。而当对 PCV2 抗体进行血清学调查时发现，被检测的大部分猪呈阳性，且大部分呈阳性的猪并没有表现出 PMWS 的临床症状。研究发现仅 PCV2 很难引起 PMWS，必须与致病因子或免疫刺激共同作用才能产生与自然发病完全相同的临床症状。近几年来，在国内外对该病屡有报道，日益受到人们的关注。

　　本书是作者近年来主要研究成果的总结，共分十三章。第一章主要论述断奶仔猪多系统衰竭综合征病原与流行病学；第二章断奶仔猪多系统衰竭综合征病因及致病机理；第三章论述断奶仔猪多系统衰竭综合征症状，包括临床症状、剖检变化、显微变化与诊断；第四章豫西地区断奶仔猪多系统衰竭综合征调查；第五章断奶仔猪多系统衰竭综合征 PCR 诊断及相关病原分离鉴定；第六章断奶仔猪多系统衰竭综合征病理组织学研究（包括断奶仔猪多系统衰竭综合征肺、肝、肾等器官病理组织学研究）、盲肠扁桃体和胸腺病理组织学研究、淋巴结和脾脏病理组织学研究；第七章断奶仔猪多系统衰竭综合征外周血液免疫细胞变化规律的研究；第八章中药超微粉的研制及预防断奶仔猪多系统衰竭综合征研究；第九章中药超微粉对断奶仔猪多系统衰竭综合征免疫器官的免疫病理学影响；第十章中药超微粉防治断奶仔猪多系统衰竭综合征的应用研究与推广；第十一章断奶仔猪多系统衰竭综合征综合预防和治疗包括加强饲养管理、药物防治、自家组织灭活疫苗免疫疗法、血清学防治、臭氧疗法，并对该病的防治研究中存在的问题进行了分析与展望；第十二章疫苗研究进展及应用；第十三章结论与创新。

本书创新之处在于：①首次调查了豫西地区（洛阳、三门峡、平顶山等）种猪 PCV-2 血清阳性率为 48.48％，断奶仔猪阳性率 51.04％。各年龄段猪均可发生 PMWS，但以 6～10 周龄发病率最高，其次是 11～16 周龄，16 周龄以上发病最少。用 PCR 诊断和相关病原分离确定豫西地区某猪场 PMWS 为 PCV-2 和传染性胸膜肺炎放线杆菌混合感染。②全面、系统地对 PMWS 病猪肺、肝、肾、心、胃、肠等内脏器官，盲肠扁桃体、胸腺、脾脏、淋巴结等免疫器官，进行病理组织学观察，发现 PCV-2 能损伤内脏器官及免疫系统，影响机体细胞免疫，使机体免疫力下降，从而极易继发其他病原的感染，导致死亡。③研究了 PMWS 早期、中期、衰竭期外周血细胞的变化规律是随病情恶化阶段的加重，淋巴细胞数量显著减少，而单核细胞和嗜中性粒细胞则显著增加，且两者之间的比率发生倒置。④首次将中药超微粉技术运用到防治 PMWS 中，并且，将牛胎盘废物利用，研制出了效果好、价格低、使用方便的中药超微粉。进一步观察研究发现，中药超微粉能有效地预防 PMWS 发病，阻止保育阶段的仔猪发生腹泻，改善生长性能，并能促进血液中的白细胞尤其是淋巴细胞的生成，提高 B 淋巴细胞 EA-花环形成率、T 淋巴细胞 $ANAE^+$ 率，提高机体免疫功能。⑤中药超微粉对 PMWS 病猪的治疗观察发现，对照组 PMWS 病猪与试验组猪免疫器官的淋巴细胞的数量相比，淋巴结淋巴滤泡的生发中心面积减少，副皮质区扩大，T 淋巴细胞、B 淋巴细胞减少，巨噬细胞和组织细胞增多；扁桃体淋巴滤泡中淋巴细胞减少，巨噬细胞增多；脾脏白髓淋巴细胞减少，说明 PCV-2 既影响细胞免疫，又可影响体液免疫，中药超微粉可以恢复其数量，提高机体免疫力使病猪康复。将研究摸索出的中药超微粉加西药等综合防治 PMWS 措施进行推广应用，取得了近千万元的经济效益和显著的社会效益。

河南科技大学动物科技学院的领导和老师们提供了很多帮助。本科生张蓓、李玉等同学付出了无私劳动；研究生黄永志、李凯强、李凯明、马艳杰参与了部分内容的修改；中国农业大学动物医学院赵德明教授给予了亲切指导。书中的研究工作得到了河南省产学研项目（162107000031）、洛阳惠德生物工程有限公司的支持。研究具体实施中，豫西地区各级畜牧兽医站的有关领导和广大养猪场户的众多朋友们提供了多方面的热情帮助，在此表示真诚的感谢！化学工业出版社的工作人员为本书的出版付出了大量心血，在此向他们表示衷心的感谢！向本书的参考文献的所有作者表示感谢和致敬！

　　由于作者水平有限，书中难免存在不妥之处，敬请读者批评指正。

董发明

2020 年 4 月

目 录

第八章　中药超微粉的研制及预防断奶仔猪
多系统衰竭综合征研究 / 84

第一章

断奶仔猪多系统衰竭综合征病原与流行病学

第一节　断奶仔猪多系统衰竭
综合征病原学

　　断奶仔猪多系统衰竭综合征的主要致病因子为猪圆环病毒Ⅱ型（PCV-2），猪圆环病毒在分类上属于圆环病毒科、圆环病毒属，是在国际病毒分类委员会（ICTV）第六次学术报告会上被列入新命名的圆环病毒科。该科于 1995 年确定，成员包括猪、禽及植物的圆环病毒，是已知最小的动植物病毒科。该科成员的病毒颗粒形态及基因组均类似，但生态学、生物学及抗原性相差甚远，无共同抗原决定簇及序列同源性，同时还有另外五种病毒被列入圆环病毒科。在第 11 次国际病毒学会上，将脊椎动物的圆环病毒分为圆环病毒和圆圈病毒（Cvrovims）两个属，PCV 是圆环病毒属的代表种。典型的圆环病毒（PCV）是无囊膜正二十面体病毒粒子，直径大小为 14～25nm，该病毒粒子具有高度的稳定性，含有 1.76～2.3 的单链环状 DNA，为已知的最小动物病毒之一，在 CsCl 中的浮密度为 $1.37 g/cm^3$，分子质量 58ku，沉降系数为 52S。

　　Allan（2000）等认为，可根据 PCV 的致病性、抗原性及核苷酸序列，将其分为 PCV-1 和 PCV-2 两个型，从 2016 年起，PCV-3 陆续在世界范围内有所报道，包括美国、中国、美国、韩国、巴西、波兰和意大利等。国内外研究主要从病毒发现、流行病学、分子和血清学诊断等几个方面进行，目前 . 尚未有病毒成功分离的报告。其中 PCV-1 无致病性，广泛存在于猪体内及猪源传代细胞系，PCV2 则具有致病性，在临床上主要引起断奶仔猪多系统衰竭综合征（PMWS）、皮炎肾病（porcine dermatitis and nephropathy syndrome，PDNS）、猪呼吸道疾病（PRDC）、新生仔猪的先天性阵颤（CT）、繁殖障碍、肉芽肿性肠、坏死性淋巴腺炎等。PCV2 通过点突变和基因重组方式一直在发生着遗传进化，不同 PCV2 毒株间的变异主要发生在 ORF2 内，并可引起部分抗原性差异，因此，ORF2 可取代全基因组作为 PCV2 的遗传进化及分子流行病学调查的靶基因，随着核苷酸变异的不断累积，PCV2 又分出了不同的基因型。2008 年，欧盟猪圆环病毒疾病委员会提出了 PCV2

基因分型的统一标准，即当 PCV2 的 ORF2 间遗传距离＞0.035 时可分划为不同的基因型，该委员会命名了 3 个 PCV2 基因型，即 PCV2a、PCV2b、PCV2c，并指定了每一基因型的参考毒株。PCV-1 和 PCV-2 在基因序列上存在很大差异，核苷酸同源性为 68%～76%，二者核苷酸差异还表现在其核苷酸链上的几个部位相互存在的碱基缺失现象，PCV-1 基因组大小为 1759bp，包含 7 个阅读框（ORF），其中 2 个重要的 ORF 分别编码复制起始蛋白 Rep 和 Rep' 以及结构蛋白 Cap，PCV2 基因组分两种，一种为 1767bp，另一种为 1768bp，含有 11 个 ORF，其中有 2 个主要 ORF，即 ORF1 和 ORF2，ORF1 有 945 个碱基，编码 314 个氨基酸，ORF2 有 705 个碱基，编码 234 个氨基酸。从氨基酸序列推测，ORF1 有 3 个糖基化位点，编码病毒 DNA 复制必需的相关蛋白，ORF2 编码与鸡传染性贫血病毒 N 末端主要结构相似的保守氨基酸序列，ORF2 还有 4 个免疫反应位点，其中 69～83 和 117～131 位氨基酸编码的蛋白质对 PCV-2 抗血清有特异性。通过发表在 NCBI 基因库的 PCV 全基因序列进行比对分析，同一基因型的不同分离株之间的保守型比例很高，如 PCV1 分离株间的同源性大于 99%，PCV2 分离株间的同源性在 91.9% 以上，其中两者 ORF1 核苷酸之间同源性较高，达到 83%，ORF2 核苷酸之间的同源性较低，为 67%，两者 ORF2 的变异度大，可能是造成 PCV1 和 PCV2 致病性差异的原因。

　　由于没有囊膜的存在，PCV2 对乙醇、碘酒和苯酚等脂溶性物质具有很强的抗性，PCV2 对外界环境具有较强的抵抗力，其在 0℃ 可存活数天，56℃ 15min 不能将其杀灭，在 70℃ 可以存活 15min，在 pH3 的酸性环境中很长时间不被灭活。然而 PCV2 能够被碱性的消毒剂如氢氧化钠，氧化剂如次氯酸钠和季铵化合物灭活，PCV 不凝集牛、羊、猪、鸡、豚鼠等多种动物和人的红细胞。PCV 在原代胎猪肾细胞，恒河猴肾细胞，BHK-21 细胞上不生长，可在 PK-15 细胞中生长，但不引起细胞病变，且需将 PCV 盲传多代才能使病毒有效增殖。在接种 PCV 的 PK-15 细胞培养物中加入 d-氨基葡萄糖，可促进 PCV 复制，使得感染 PCV 的细胞数量提高 30%，感染 PCV 的细胞内含有许多胞浆内包涵体，少数感染细胞内含有核内包涵体。PCV-2 是引起 PMWS 的原发性病原，有学者认为，PMWS 可能是 PCV-2 与猪细小病毒 PPV、猪繁殖与呼吸综合征病毒 PRRSV、猪伪狂犬病毒 PRV、猪肺炎霉形体 MH

等共同感染的结果，并且 PMWS 可能存在未知病原。刘道新（2006）等为了解湖南省猪圆环病毒 2 型（PCV2）的来源及与其他地区毒株的关系，从湖南省疑患断奶仔猪多系统衰竭综合征（PMWS）猪群中分离 PCV2 毒株 1 株（PCVHunan），提取病毒 DNA，进行 PCR 扩增，扩增产物经克隆与酶切鉴定，获得 1.7kb 片段的阳性重组质粒，对其进行全基因组测序分析，与 Genank 中已知全基因组序列进行同源性比较。结果，该序列与国内外毒株核苷酸同源性为 93.0%～97.7%，其中与美国株（AR145609）及澳大利亚株（AY424405）同源性最高，为 97.7%。2 个主要阅读框（ORF1 与 ORF2）氨基酸序列与国内外毒株同源性分别为 98.4%～99.4% 和 88.0%～95.7%。同时，不同基因型 PCV2 具有不同的致病性，PCV2a、PCV2b 与猪圆环病毒疾病密切相关，2005 年以前流行的 PCV2 毒株主要是 PCV2a，2005 年以来 PCV2b 则成为优势流行毒株，并引起了更为严重的猪圆环病毒疾病。PCV2c 则只在丹麦被发现，且与猪圆环病毒疾病无关。由此，PCV2 基因分型研究引起关注。2009 年，Wang 等分析了 2004—2008 年中国地区 PCV2 毒株后，认为应该增加了 PCV2d、PCV2e 等新基因型，但该结果没有得到广泛认可。虽然关于中国地区 PCV2 基因分型存在争议，但也提示，随着时间推移，可能会有新的 PCV2 基因型出现。

关于 pcv3 在全世界范围内的第 1 例报道来自美国。美国 2016 年首先报道了一种与已知的圆环病毒相关的新型猪圆环病毒。该病毒与生殖功能衰竭及猪皮炎和肾病综合征有关。猪圆环病毒相关性疾病（porcine circo-virus-associated disease。PCVAD）在临床上表现为断奶后多系统衰竭综合征（PMWS）、生殖系统衰竭和猪皮炎肾病综合征（PDNS）呼吸系统和肠道疾病。猪圆环病毒 2 型（PCV2）是 PCVAD 的重要病原，有关研究人员在 PDNS 样临床症状急性死亡的母猪病料中发现一个新的圆环病毒，她们命名为 PCV3。带有 PDNS 未出生仔猪胎儿的母猪体内含有高水平的 PCV3。其他病毒经 PCR 和宏基因组测序检测为阴性（不存在）。进一步通过母猪组织样品的免疫组织化学分析（IHC）鉴定了位于皮肤、肺、肾和淋巴结样品中具有典型 PDNS 病变处的抗原，病变包括坏死性血管炎、肉芽肿性、肾小球肾炎、淋巴结炎和支气管间质性肺炎。通过对 PCV2 阴性的 PDNS 组织样品进行 IHC 分析鉴定，和定量 PCR 鉴定，发现 48 个样品中有 45 个是 PCV3 阳性。再对 271 份猪呼吸道疾病诊断提交的样本进行 PCR 分析，确定了 34 个 PCV3 阳性病例；而对 83 份血清样品中使用 ELISA 方法检测抗 PCV3 衣壳抗体，发现 46 个血清阳性样品。以上结果充分说明，PCV3 在美国猪群中流行，并很可能与生殖衰竭和 PDNS 有相关性。鉴于 PCV2 对猪群的影响，并高度影响经济效益，笔者觉得有必要在以后研究中对这种新型圆环病毒的致病性、流行性等进行更加深入的研究。

第二节　断奶仔猪多系统衰竭综合征流行病学

病猪和带毒猪是主要传染源。PCV-2 流行范围很广，目前加拿大、美国、法国、英国、德国、意大利、北爱尔兰、日本等均有本病的发生和报道，给世界的养猪业造成了巨大的经济损失。血清学调查表明，PCV 感染广泛，由 PCV-2 引发的 PMWS 最常见于 6～12 周龄的猪，发病猪的死亡率一般在 10%～30%，猪群血清阳性率为 20%～50%，在德国和加拿大，猪群中的 PCV 抗体阳性率分别高达 95% 和 55%，在新西兰、英国、北爱尔兰和美国也有猪群中 PCV 抗体水平呈阳性的报道。郎洪武（2001）等应用 ELISA 方法对北京、吉林、河北、江西、山东、天津、河南等省（市）22 个猪群的 559 份血清样品进行检测，总阳性率达 42.19%，因为本次调查的猪来源于不同地区、不同猪群的断奶后不同年龄阶段的猪，表明我国的猪群中存在 PCV 感染。马增军（2009）等应用 EusA 方法对天津、北京、河北省地区部分规模猪场和散养猪群的 398 份血清样品进行 PCV2 抗体化验检测，结果发现抗体总阳性率为 90.9%，血清样品抗体总阳性率为 84.2%，其中种公猪 88.2%，种母猪抗体阳性率 86%，育肥猪 85.2%，断奶仔猪 76.7%。对阳性的血清样品中随机抽取 14 份，应用 PCR 方法进行 PCV2 ORF1 基因的检测，结果发现 6 份血清中含有特异性目的基因片段，检出率为 42.9%。焦文强（2009）等对河南及周边地区山东、山西、河北、甘肃 5 省共 158 份组织病料进行检测，将 PCR 扩增得到的 PCV2 ORF2 基因片段进行测序，结果显示 158 份样品中有 69 份样品为 PCV2 阳性，得到 19 株病

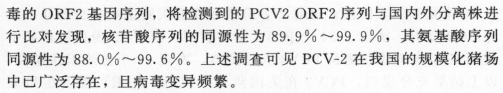

毒的 ORF2 基因序列，将检测到的 PCV2 ORF2 序列与国内外分离株进行比对发现，核苷酸序列的同源性为 89.9%～99.9%，其氨基酸序列同源性为 88.0%～99.6%。上述调查可见 PCV-2 在我国的规模化猪场中已广泛存在，且病毒变异频繁。

感染了 PCV2 的猪以及未感染病毒的猪的接触证实了病毒的水平传播。近期研究显示直接接触使病毒传播更有效率，而分栏饲养的猪则感染率要低很多。PCV2 可以通过鼻、扁桃体、支气管和眼部分泌物，以及粪、唾液、尿液和精子传播出去。此外病毒可以通过未煮熟的食物经由饲喂传播到未感染的动物中。患病的猪与未患病的猪的接触试验也表明断奶仔猪多系统衰竭综合征可以水平传播，健康的猪在 4～5 周之后出现该病症状。直接接触时病毒的传播最为有效，病毒也能够通过间接方式传播，相邻的饲养栏中的猪仍然能够被病毒感染。怀孕母猪感染 PCV2 后，在小猪出生 3 周前可经胎盘垂直传播感染仔猪，在流产小猪及存活小猪中均可检测到 PCV2 的存在。病毒也可以导致心肌炎，进而导致仔猪死胎及流产。在自然界的公猪及试验感染了病毒的公猪精子中，都检测到了 PCV2，精液中的 PCV2 也可能导致仔猪感染。用含有 PCV2 的精液使母猪受孕会导致母猪生殖障碍及胎儿流产。然而自然界公猪精子中的 PCV2 能否导致母猪感染还不是很清楚。总而言之，在自然情况下 PCV2 是否导致生殖障碍还存在争议。有一些研究指出其导致生殖障碍的概率很低，而另外一些研究指出有 13% 的流产胎儿或死胎都是因为感染了 PCV2。

PCV 主要易感动物是猪，但 Tischer（1986）等报道，在人、牛和鼠血清中也存在能与 PCV 发生群特异性结合的低水平抗体。常见的 PMWS 主要发生在哺乳期和保育舍的仔猪，尤其是 5～12 周龄的仔猪，一般于断奶后 2～3 周开始发病到保育期结束，个别猪可延续到转栏以后，但不会出现新的病例。在急性发病猪群中，病死率可达 10%，但常常由于并发、继发细菌或病毒感染，使死亡率大大增加，病死率可达 10% 以上，但最常见于 6～8 周龄，猪群患病率为 3%～50%，死亡率在 8%～35%。本病发展缓慢，猪群一次发病可持续 11～18 个月。此外，本病常与集约化生产方式有关，饲养管理不善、环境恶劣、饲养密度过大、应激、不同年龄和不同来源的猪编群等，均可诱发本病。周继勇（2004）等对浙江省内 44 个猪场 2000—2002 年的 2039 份血清样本检测结果显示，不同品种猪对 PCV2 的易感性不同，PCV2 的感染可降低猪群对疫苗的免疫应答。2001 年来，在北京、河北、山东、天津、辽宁、江西、福建、吉林、广东、浙江、上海、河南等地发病很严重，一般猪场发病率为 10% 左右，感染严重的猪场保育舍发病率、淘汰率可达 50% 以上，PMWS 已成为影响我国养猪业的重大疾病。

刘颖映（2019）报道，多个国家相继报告了 PCV3 在本国不同猪群中的病原学和血清学流行情况。PCV3 序列变异性很小，这与最先报道的美国毒株序列相似，其相似性均大于 95%。韩国通过正常猪群猪口腔液调查 PCV3 的流行情况。在这项调查中，他们通过栏圈混样的口腔液样本确定了全国范围内 PCV3 的流行以及遗传特征。PCV3 在个体户样品和规模化猪场的总流行率分别为 44.2% 和 72.6%。该数据表明 PCV3 在韩国猪群中分布广泛。与美国毒株相比，对于全基因组和 ORF2，韩国 PCV3 的核苷酸同源性较高，分别为 98.9%～99.8% 和 97.9%～99.8%。巴西研究者从产死胎母猪血清中检出并提取到 PCV3 并进行全基因组测序。这些病毒来自产不同数量死胎的母猪血清样本混样。共报道了 2 个全基因组序列，其核苷酸相似度与 GenBank 中序列相比高达 97%。在同一猪场没有死胎的母猪血清混样中未检出 PCV3。然而，PCV3 和死胎之间的关联并无直接证据。波兰在多个商业猪场的健康猪群中首次检出 PCV3。2014—2017 年期间共采集了代表波兰不同地区的 14 个商业农场的母猪和 3～20 周龄猪的 1050 份血清样本。对样品混样，使用实时 PCR 测试 PCV3。在 14 个农场中有 12 个检测到 PCV3 DNA，猪场阳性率为 85.7%。在 PCV3 阳性农场中，在 5.9% 至 65% 的血清混样中检出病毒。PCV3 在断奶仔猪中最常见，阳性率超过 20%。对 ORF2 的 359 个核苷酸片段进行序列分析。其与美国的 PCV3-US/SD2016 株的同源性最高，达 99.7%。研究结果表明，PCV3 已成为波兰猪群中的常见病毒，但尚未建立其与不明原因疾病之间的联系。意大利研究者从该国宝谷的 2 个猪场的死胎仔猪组织中检出 PCV3。2 个意大利毒株的基因组序列与 GenBank 中已有的基因组序列有 99.7%～97.8% 的核苷酸同源性。该结果说明 PCV3 作为一种新型的猪圆环病毒，在世界各地广为流传。PCV3 在我国猪群中已经是普遍感染。国内对于 PCV3 的区域性和全国范围报道非常多。几乎同时报道了 2 个毒株（湖北株和广东株）。对湖北地区的 PCV3 阳性病料进行了病毒的完整基因组序列分析。在广西猪场和屠宰场发现 1 株 PCV3 单核苷酸缺失株，在中国广西猪场的 108 个样本和屠宰场的 47 个样本中分别检出 41 份和 9 份 PCV3 阳性，共鉴定得到 3 株 PCV3 病毒序列，分别命名为 PCV3-China/GX2016-1、PCV3-China/GX2016-2 和 PCV3-China/GX2016-3t 9I。PCV3-China/GX2016-2 和 PCV3-China/GX2016-3 的完整基因组长度均为 2000bp，而 PCV3-China/GX2016-1 的长度为 1999bp，在其基因组中位置为 1155 处缺失 G。该研究所鉴定的 3 株 PCV3 毒株的全基因组和衣壳核苷酸与 NCBI 中收录的其他 PCV3 毒株的同源性分别为 97.5%～99.4%、96.7% 和 99.1%。基于对所有 35 株 PCV3 株全基因组和衣壳基因的系统发育分析表明，广西 3 个 PCV3 序列分为两大类群（完整和 G 缺失）。在广东检测到发热和肺炎仔猪 PCV3 阳性。该毒株测序后命名为 PCV3-China/GD2016。PCV3-China/GD2016 基因组全长 2000bp，与 PCV3/29160 和 PCV3/2164 的核苷酸同源性分别为 98.5% 和 97.4%。基于完整基因组的系统发育分析，结果中 PCV3-China/GD2016 与新发 PCV3 聚集在一起，并与圆环病毒属中的其他病毒分离。这项研究的结果表明 PCV3 已存在于中国猪群，且序列同一性很高。从中国南方有先天性震颤临床症状的新生仔猪中鉴定得到 7 个 PCV3 毒株。采用实时荧光定量 PCR 技术分析了感染仔猪 PCV3 的组织嗜性，结果显示在脑和心脏中均检测到高负载的病毒基因组。7 个新的 PCV3 的完整基因组显示与以前报道的美国和中国的 11 个其他 PCV3 毒株具有 96.8%～99.6% 的相似性。基于完整基因组序列的系统发育分析表明，所有 PCV3 菌株聚集在一起，并与其他圆环病毒种清晰分离。山东地区临床发病猪中观察到 PCV3 病毒阳性。222 例中有 132 例 PCV3 阳性，其中，有 52 例与 PCV2 共感染。经产母猪无感染的临床症状，从自然流产胎儿中鉴定出 2 株 PCV3。系统发育分析显示 2 株 PCV3 与已知的 PCV3/Pig/USA（KX778720.1、KX966193.1 和 KX898030.1）具有 96% 相似性，并且与 Barbel Circovirus 密切相关。用 PCV3 特异性引物对 Cap 基因片段进行套式聚合酶链反应（PCR）检测，发现中国犬血清中存在 PCV3 基因组 DNA。在 44 只具有临床症状的犬中有 4 只检测到 PCV3 DNA。基于序列分析，将阳性序列鉴定为 PCV3 基因型。然而，这些分离株与狐狸圆环病毒（KP941114）和犬圆环病毒（JQ821392）具有密切的进化关系。

第二章

断奶仔猪多系统衰竭
综合征病因及致病机理

第一节　断奶仔猪多系统衰竭综合征病因

由于临床症状的复杂多样，人们认为有许多可能的病因，但大多数学者认为 PCV2 是原发性病因，许多微生物病原和生产体系的改变都有可能导致该病症出现，如常与猪细小病毒（PPV）、猪繁殖与呼吸综合征病毒（PRRSV）、猪肺炎支原体、猪链球菌、沙门氏菌、多杀性巴氏杆菌等病原微生物产生协同作用，从而发挥其致病性。研究者更加明确地认为针对该病最合适的解释是感染猪只的免疫系统遭到可怕的破坏而使得它们不能抵御任何感染。它们如同在走钢丝，任何应激和病原感染，无论其程度多小，都能将它们推倒，因为它们没有发挥作用的免疫系统与外来作用相抗衡。这也包括其他病毒如猪繁殖与呼吸综合征（PRRS）病毒和猪细小病毒（PPV），这两种病毒的致病情况均与所处状况的严重程度和猪只机体自身的免疫抑制情况相关。秦晓光（2006）等在辽宁铁岭某猪场发现，该场出现不明原因的以母猪繁殖障碍为特征的传染病，主要表现为母猪腹泻、受孕率下降、妊娠母猪流产，45％的母猪产死胎和弱仔及少量木乃伊胎，死胎率达 15％左右。6 周龄断奶仔猪发热，体温达 40.5～41.5℃，皮肤发绀，腹泻，喘气，呈腹式呼吸，鼻孔流脓性分泌物，淋巴结肿大，尤其以腹股沟淋巴结明显。部分仔猪两耳呈蓝紫色，病死率达 60％以上，磺胺类及抗生素治疗无效。按常规方法提取病料组织的 RNA，用外引物做 RT-PCR 反应诊断，确诊为猪蓝耳病与圆环病毒混合感染。有的感染猪并不会出现症状发病，这种情况可能是从母源抗体得到的免疫力抵御了 PCV-2 的感染与疾病作战很可能是关键的，直到猪能应付它。一些兽医正试图从由已经感染中恢复的猪的血中提取特异性血清用于该病的治疗。在最近的一份英国农业部（DEFRA）的调查中，大型养殖场购入大批的后备母猪这一举措有很大的风险，因为母畜群体的免疫状况并不稳定，而且在此过程中沙门氏菌的感染率会升高。

自发现断奶仔猪多系统衰竭综合征以来，严重危害全球的养猪业，其致病原因一直存在争议。目前可以确定的是，PCV2 是其主要的病原，但是，它不是唯一病原。随着高通量测序、病毒宏基因组学等学科和技术的发展，在 PMWS 检测中发现了很多新的病原，其中以细小病毒（PPV）和猪繁殖与呼吸综合征病毒（PRRS）的感染率最高。除了上述 2 种病毒外，近年来国内外研究显示，猪输血传播病毒（TTV）、猪博卡病毒（PBoV）等可能和 PCV2 所引起的 PMWS 有相关性。李彬（2012）对采集于江苏省及其周边地区的 205 份临床样品进行了 PCV2 与 PBoV、TTV1、TTV2 混合感染的流行病学调查，结果表明，采集的样品中 PBoV 的感染率为 38.05%，TTV1 的感染率为 26.83%，TTV2 的感染率为 34.63%。猪博卡病毒在由猪圆环病毒 2 型引起的 PMWS 中的检测率最高，暗示 PBoV 在 PMWS 中扮演着重要的角色。在 TTV 相关的检测中发现，PCV2 与 TTV2 的混合感染率高于 PCV2 与 TTV1 的混合感染率。在临床送检病料与健康猪组织样品的检测中，发现在临床送检病料中 PCV2、PBoV、TTV1、TTV2 的检出率高于健康猪组织样品。其中，PCV2 和 PBoV 在送检病料中的检出率显著高于健康猪群样品，可以推测，PCV2 和 PBoV 的混合感染在 PMWS 的发生中起主要作用，并且可能存在协同致病。对不同组织样品的检测结果发现，PCV2 在肺脏中检出的感染率高于血液样品及肝肾等其他组织脏器样品；PBoV、TTV1 在肝肾等其他组织脏器样品中检出率较高，TTV2 在血液中检出的感染率最高，而混合感染多数发生在肝肾样品之中。近年来，猪群发病情况日益复杂，临床症状表现类型较多，主要是多种病原混合感染的结果。PMWS 自 20 世纪 90 年代初期发现以来，成为危害全球养猪业的主要疫病，造成了巨大的经济损失。目前研究表明，PCV2 是其主要的致病因子，但也存在着其他病原的混合感染。对新发现的 2 种病毒与 PCV2 的混合感染情况进行系统的检测和研究，初步结果表明，PMWS 病料中 TTV 和 PBoV 的感染率较高，且主要以和 PCV2 混合感染的形式存在，进一步暗示这 3 种病毒之间存在协同致病，也是导致 PMWS 难以控制的主要原因。因此，加强对 TTV 和 PBoV 的控制是预防 PWMS 的必然要求。

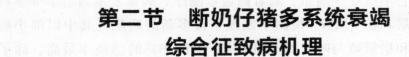

第二节　断奶仔猪多系统衰竭
综合征致病机理

　　PCV-1 与 PCV-2 均可在 PK-15 细胞上增殖而不引起 PK-15 细胞产生细胞病变。PCV1 没有致病性，广泛存在于猪及猪源细胞系上，PCV2 具有致病性，但是其易感宿主很狭窄，目前已知 PCV2 可以引起猪的 PMWS，并与 PDNS、繁殖障碍和呼吸道疾病等有关。Allan (1995) 曾用 PCV2 人工感染兔和小鼠不致病，也不引起组织损伤，在人及牛、羊（包括人工感染 PCV2 的羊）、马的血清中均没有检测到 PCV2 抗体。相关研究发现感染猪的淋巴结、脾、肾、肺、心、肝、脑、胸腺、肠管、膀胱、胰等组织和器官上均有 PCV2 的分布，可见 PCV2 的组织嗜性很广泛，其中病毒含量最高的是淋巴结和脾脏。在 PCV2 早期感染进入循环系统之前肯定能发现基因组的 DNA 常聚集在单核细胞/巨噬细胞里。单核细胞/巨噬细胞也是 PCV2 感染后含 PCV2 抗原和核酸最高的靶细胞，其次在组织细胞、多核巨细胞中也常可见到 PCV2，偶尔在身上皮细胞、呼吸道上皮细胞、血管内皮细胞、淋巴细胞、胰腺泡和小管细胞、平滑肌细胞、肝细胞、肠细胞的细胞质或细胞核中检测到。PCV2 侵入细胞的方式与在体内哪些细胞可以维持 PCV2 的复制已成为目前争论的焦点，关于 PCV2 侵入细胞的方式有两种尚未经过试验证实的观点：①PCV2 出现在巨噬细胞胞浆内有可能是抗原递呈前吞噬细胞对感染细胞的清除或吞噬导致病毒入侵；②巨噬细胞表面存在 PCV2 特异受体使病毒进入胞浆复制，但至今还没有证实这种受体的存在，似乎上述两种途径均可使病毒侵入靶细胞。

　　Stevenson（1999）等观察了感染 PCV 后 PK-15 细胞内的超微结构，发现细胞质和细胞核中有包涵体，细胞质中包涵体数量较多，包涵体呈卵圆形，大小不一，电子密度较高，并大致分为两种类型：一类直径 0.1～0.5nm，无包膜；另一类直径 0.5～5.0nm，有包膜，接种 PCV1 的试验猪不能观察到临床症状，而 PCV2 为 PMWS 的病原体。

患猪呼吸困难、进行性消瘦。用电镜观察，在支气管淋巴结中有 PCV 粒子；用免疫酶组织化学染色方法可以检查到损伤组织存在 PCV 粒子；随后用 PCR 检测，发现肺脏和扁桃体中也存在 PCV 粒子。曹胜波（2001）等用 PCR 方法从来自河南、江西、广东、湖北等省的病料中检测到肺脏、淋巴结、肾脏及脾脏中均存在 PCV，其中肺脏及淋巴结中检出率较高。以上表明，PCV 严重侵害了断奶猪的免疫系统，导致患猪体况下降。值得注意的是，KrakowkaS 等用 1 日龄仔猪通过滴鼻方式接种 PCV1、PCV2 及猪细小病毒（PPV），发现 PCV1/PCV2 及 PCV1/PPV 接种后均无临床症状，仅出现短暂的病毒血症。而 PCV2/PPV 接种猪出现了典型的 PMWS，个别猪处于濒死状态，从病猪眼睛、肛门及鼻腔分泌物中检测到 PCV；血凝抑制试验显示病猪产生了 PPV 及 PCV2 抗体。这表明，PMWS 症状的出现不仅需要 PCV2，而且 PPV 也具有重要的作用。综合目前的研究成果，PMWS 似乎与 PCV2 引起的机体免疫抑制有关。McNeily（1996）研究了 PCV 感染对猪肺巨噬细胞体外免疫功能的影响，结果发现 PCV 感染对抗体 Fc 和补体受体或吞噬作用无任何影响。但他们观察到 PCV 感染后 4d 对细胞 MHC-Ⅰ类抗原的表达有上调作用，而感染后 8d 可降低细胞 MHC-Ⅱ类抗原的表达，并且对巨噬细胞介导的、分裂素诱导的淋巴细胞增生有明显的抑制作用。ShibaharaT（2000）等证实 PCV 诱导了淋巴系统中 B 细胞凋亡，使患猪处于免疫抑制状态，推测正是由于 PCV-2 侵害了猪的免疫系统，因而 PPV 的再度感染加剧了 PMWS 临床症状的出现。Allan（1998）等也认为，PCV2 常常和 PPV、PRRSV、伪狂犬病毒（PRV）混合感染而导致猪的免疫失败，并认为 PCV 是原发病毒。

PCV2 感染一般呈亚临床症状，该病毒对猪隐性感染率高，在淋巴细胞内复制，杀伤淋巴细胞，使机体免疫功能严重损伤和急剧抑制，机体在应激的状态下，容易感病原体，免疫、断奶、大气变化、饲料转换等诱因的刺激下，圆环病毒被激活，干扰猪巨噬细胞、改变或抑制猪免疫系统，使猪对感染十分敏感，直接引起猪的多系统衰竭。PMWS 并非仅由 PCV2 引起，它是一种多因素疾病。许多研究表明，PPV 和 PRRSV 病毒对 PCV2 的复制有促进作用，当 PCV2 的复制达到临界水平就能引起断奶仔猪的 PMWS 症状。同时还有研究表明抗原佐剂复合物可引起断奶仔猪的免疫刺激反应，增强 PCV2 病毒的复制，诱发 PMWS。

PCV-2 感染猪体后，在猪体内增殖，导致感染猪发生一系列临床和组织病理学变化，主要特征是在淋巴和其他部位的滤泡性树状细胞、组织细胞和大吞噬细胞内出现病毒的进行性积累。PCV-2 感染的一个显著特点就是感染猪的免疫系统损伤。Segales J（2003）等用流式细胞技术分析 PMWS 猪外周血液单核细胞亚群的变化时，发现在 PMWS 感染猪的外周血液中的淋巴细胞亚群变化很大，特点是单核细胞增加，T 细胞（主要是 $CD4^+$）和 B 细胞减少，出现密度较低的不成熟粒细胞。Darwich（2003）等也得到了相似的结果，试验中，PCV-2 感染猪的 B 细胞和 T 细胞（主要是 $CD4^+$ 和 $CD8^+$）数量比阴性对照猪的 T、B 细胞数量显著降低；而且，具有严重临床症状和病理变化的 PCV-2 感染猪的 B 淋巴细胞和 $CD8^+$ T 细胞的数量明显低于症状和病变较轻者。Sanchez 等将妊娠后期第 92 天/104 天的胎儿和 1 日龄新生仔猪分别接种 PCV-2，接种猪都没观察到临床症状。而且接种猪的病毒滴度一直都很低，只有少数比其同窝猪高 2～4 lg10。在大多数病毒滴度较低的接种仔猪中，感染细胞表型为单核细胞和巨噬细胞，大多数为 $SWC3^+$ 和 Sa^+，几乎没有 $CD14^+$ 细胞，也没有观察到淋巴细胞缺失和单核细胞浸润。在病毒滴度较高的 5 个仔猪中，都有不同程度的淋巴细胞缺失和单核细胞浸润。感染细胞集中在淋巴滤泡区。

Segales 等（2001）通过流式细胞技术对 PMWS 自然病例的外周血白细胞亚群，包括 CD3、CD4、CD8、CD25、CD45、IgM、SWC3 和 SLa ClassII 进行了研究，研究对象包括经检查 PRRSV 和伪狂犬血清学反应阴性的 13 头急性 PMWS 发病猪，同时以来自无 PMWS 发病史和主要猪病病原体的卫生条件良好的农场的 11 头临床健康猪作为对照猪。研究发现发病猪血液中单核细胞增加，T 细胞（主要是 $CD4^+$）和 B 细胞数量减少，并出现了低密度的未成熟粒细胞，由此推测急性 PMWS 发病猪细胞免疫功能大大降低，缺乏有效的免疫应答能力。近来，有人从有 PMWS 病史的几个猪场淘汰猪中选了 41 头 8～12 周龄的猪，依照原位杂交试验结果，按 PCV-2 感染与否分为 2 组，24 头为 PCV-2 阳性组，其余 17 头为阴性组，另取 8 头未感染的健康猪作为对照。各组采血分离外周血淋巴细胞，通过流式细胞仪分析 $CD4^+$、$CD8^+$、$CD4^+$、$CD8^+$（双阳性）和 IgM 阳性（IgM^+）细胞亚群。PCV-2 阳性组与其他组相比，$CD8^+$ 和 CD4、CD8 双阳性细胞亚群显著下调。此外，在 PCV-2 阳性猪中，淋巴组织基因组的含量与该组织中细胞损伤程度呈正相关，与外周血中 IgM^+ 和 $CD8^+$ 细胞下调也呈正相关。这些结果都说明 PCV-2 感染猪后，能损伤猪体的免疫系统（Darwich 等，2002）。

在人医临床中，当 CD4/CD8 降至 1.5 以下时就标志着进入亚健康状态，并可能成为免疫抑制的重要原因和标志。猪外周血淋巴细胞亚群的组成和比例与其他动物比较有其特殊性。研究表明，猪外周血淋巴细胞亚群中 $CD8^+$ 细胞比例大于 $CD4^+$ 细胞。因此，$CD4^+/CD8^+$ 值也小于人类相应的比值。对于初生仔猪，由于各种原因，目前还没有一个统一的 $CD4^+/CD8^+$ 比例的标准，用以判断初生仔猪的健康状态。因此要建立起一个仔猪免疫状态评价标准，还需要进行很多的工作。

研究表明 PCV2 可导致淋巴细胞的凋亡。根据温立斌（2012）等的研究，他们在首次诊断过程中得到 2 个类 PCV2 因子，P1 和 P2。它们与 PCV2 相似，也具有环状 DNA 基因组，且具有与 PCV2 高度同源的序列，基因组全长分别为 648 个、993 个核苷酸，是目前已知的拥有较小基因组的 DNA 因子。经过研究发现 P1 和 P2 在体外能够诱导 PK-15 细胞发生凋亡，PK-15 细胞来源于猪肾细胞，因此，推测 P1 和 P2 可能导致猪体内细胞凋亡，并可能是病猪致病机制之一。

试验证明，PCV-2 常与病毒如猪细小病毒（PPV）、PRRSV 及其它病毒或细菌如猪肺炎支原体、猪链球菌、副猪嗜血杆菌合并感染，说明这些病原能刺激和激活免疫系统，从而存在于共同感染的猪体内，进而促进 PCV-2 的增殖，产生严重的 PMWS 病症。一方面，PMWS 病猪，由于各种病原的刺激，产生严重的淋巴组织病理损伤，如淋巴细胞缺失和淋巴组织的巨噬细胞浸润等，因此推断，PMWS 感染猪对免疫原不能进行有效的免疫应答，使猪群中会有多种疾病并发症发生，导致恶性循环。另一方面，如传染性胸膜肺炎、支原体疫苗等疫苗或佐剂可刺激病毒在猪体内的复制、增殖，引起免疫刺激，引发该病。2002 年美国科学家进行了一项研究，研究中对无菌猪接种了 PCV-2，仅接种 PCV-2 并未引起临床发病，而所有接种了免疫系统刺激剂的猪则都发生了 PMWS。由此可推断，促使 PMWS 发病的重要因素之一并非是否先感染了另一病原体，而是免疫系统的刺激或活化与否。其它如环境因素（温差、内毒素、氨气）、应激因素（混群、换料和运输）、规模化猪场不规范饲养和饲养管理不善、不同来源日龄的猪混养或寄养、保育舍通风条件不良、交叉哺乳、饲养密度过高等，均为诱发该病的条件性致病因素。

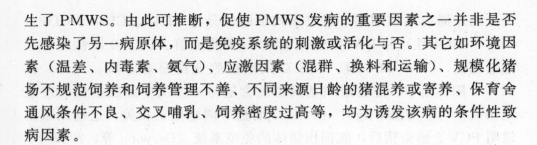

第三章

断奶仔猪多系统衰竭
综合征症状与诊断

第一节 断奶仔猪多系统衰竭综合征症状

一、临床症状

断奶仔猪多系统衰竭综合征临床上表现为多系统进行性功能衰弱为特征的症状，一窝中部分仔猪发病（图3-1）患病猪一般表现为发热、被毛粗乱（图3-2）、精神不振（图3-3）、皮肤苍白、生长发育不良，体

图 3-1 一窝中部分仔猪发病

图 3-2 病猪背毛粗乱

图 3-3　病猪精神不振

图 3-4　病猪下痢拉稀

重减轻，体表淋巴结，特别是腹股沟淋巴结肿大，部分病例可见皮肤可视黄疸，下痢（图3-4），嗜睡，精神沉郁，喜卧堆、寒战，食欲逐渐减退，继而进行性消瘦，弓背，站立不稳，伏卧嗜睡，有的病猪后躯麻痹。发病前期，多数猪只连续咳嗽，但呼吸还正常，出现临床症状后，声音嘶哑，部分病猪有肺炎症状，呼吸略显迫促。体温一般在 37 ～ 39.5℃，并逐渐低于 37℃，数日后病猪因衰竭而死亡。另一个特征就是猪群的死亡率增加，由于细菌、病毒的二重感染，常常使 PMWS 的症状复杂化、严重化，首先保育舍仔猪僵猪的比例明显提高，表现为食欲不振、衰弱、苍白、黄疸、消瘦、精神沉郁和神经等症状，有的出现腹泻，有的病猪出现呼吸急促或咳嗽的症状，开始时部分猪有发热的症状，有些猪有比较特殊的结膜炎（眼睑水肿、眼睛分泌物增多），面部、下颌和颈部水肿（易与水肿区别），如有继发感染，则病猪可表现为被毛长而粗乱、关节炎（链球菌、副猪嗜血杆菌、支原体继发感染），甚至有些仔猪表现为皮肤继发感染（如渗出性皮炎）的增多。病猪粪便干燥呈球状，少数病猪在濒死前 1～2d 有腹泻薄黄色水样粪便，尿一般正常，病猪皮肤多数苍白，个别病猪皮肤有黄疸现象。少数病猪在濒死前 2～3h 呻吟尖叫，口吐白沫。病猪无流鼻涕现象，也无眼结膜发炎和流泪。病程一般为 7～15d，衰竭死亡，少数病猪病程达 1～2 个月之久。母猪感染本病毒后无临床症状，但能垂直传播，引起繁殖障碍，产死胎、木乃伊胎及弱仔。

研究发现，虽然 PMWS 被认为是一种多因子疾病，但大多数学者认为 PCV2 是原发性的病因。PCV2 还可引起猪皮炎肾病综合征（PDNS），最常见的临床症状为皮肤发生圆形或不规则性的隆起，呈现周边为红色或紫色、中央为黑色的病灶，病变常融合成大的斑块（图 3-5）。

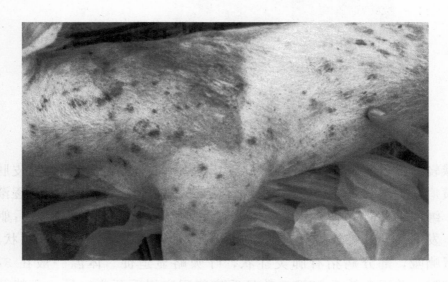

图 3-5　猪皮炎肾炎病猪皮肤病变

病变通常出现在猪的后腿、腹部，也可扩展至喉、体侧或耳。感染轻的猪可自行康复，感染严重的猪可表现出跛行、发热、厌食、体重下降。增生性坏死性肺炎（PNP）和坏死性气管炎，病灶常融合成条带和斑块。病灶通常在后躯、后肢和腹部最早发现，有时可扩展到胸腹或耳。先天性震颤的仔猪，出生后第一周，由于严重的震颤，可因不能吃奶而死亡，震颤为双侧，影响骨骼肌肉，当卧下或睡觉时震颤消失，外界刺激可引发或加重震颤，如声音或温度刺激，有的在整个生长和发育期间都不断发生震颤。胎儿心肌炎和繁殖障碍，临诊表现包括流产，产死胎、木乃伊胎和产弱仔，仔猪断奶前死亡率升高。还有学者认为 PDNS 和多杀性巴氏杆菌感染或与病毒感染有关，如猪繁殖呼吸道综合征病毒感染（PRRSv），潘艳等在临床中发现猪繁殖呼吸道综合征病毒与猪圆环病毒 2 型混合感染并发猪大肠杆菌。

二、剖检变化

可见于任何组织的淋巴结炎，并伴有淋巴细胞的破坏，由组织细胞和淋巴-组织细胞代替至肉芽性炎症。PMWS 典型的组织病理学变化多发生于肺和淋巴组织，肺脏通常出现萎缩、局灶性到弥漫性斑驳，变硬，表现间质性肺炎。患 PMWS 猪的尸体营养状况差，表现出不同程度的肌肉消耗，皮肤中度苍白，20％的病例呈黄疸。剖检变化主要表现多种组织器官的广泛性病理损伤，最显著的变化是全身淋巴结，特别是腹股沟浅淋巴结（图 3-6）、肠系膜淋巴结（图 3-7）、气管支气管淋巴结及下颌淋巴结肿大 2～5 倍，有时可达 10 倍，切面湿润，硬度增大，呈土黄色，半数病例的肝脏肉眼观察呈不同程度的花斑状，为轻度到中度的肝萎缩，肝小叶间结缔组织明显，严重病例的肝小叶结缔组织非常明显。脾脏增大，切面呈肉状，无充血。半数病例的肾脏被膜下呈现可见的白色灶，所有可见病变的肾脏都肿大、白色，有的因水肿可达正常的 5 倍。肺脏的变化为间质性肺炎，呈棕黄色或棕红色斑驳状，手触之有橡皮样弹性。心脏变形，质地柔软，心冠脂肪萎缩，有胸膜炎、腹膜炎，如继发了感染，则心包炎、胸膜肺炎和肝周炎等较为明显，并有显著的纤维素物，导致粘连，甚至化脓。

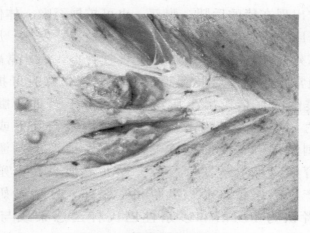

图 3-6　腹股沟浅淋巴结肿大

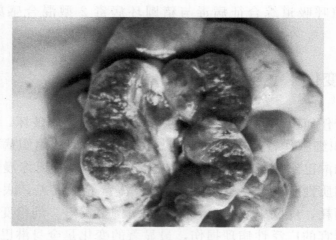

图 3-7　肠系膜淋巴结肿大

三、显微变化

　　显微病变可见淋巴细胞、组织细胞浸润，在巨噬细胞、淋巴细胞、内皮细胞、上皮细胞内形成包涵体。在小肠固有层、腹股沟淋巴结内形成合胞体。淋巴细胞减少和组织细胞浸润是 PMWS 的主要病理特征。对于淋巴结细胞主要的变化包括滤泡树突状细胞、交错突细胞和滤泡间淋巴细胞的减少。研究证明组织中病毒抗原的含量或病毒遗传物质的量与淋巴细胞的数量急剧下降有关，而淋巴细胞减少程度与感染阶段有关。因此，随着感染程度的加深，淋巴滤泡区的淋巴细胞也随之不断减少。在感染的初期和中期，病猪的单核吞噬细胞的数量增加。这是由于淋巴细结滤泡简质区的淋巴细胞减少和巨噬细胞系细胞浸润造成。而在感染晚期，淋巴细胞亚群数量、巨噬细胞系细胞和毛细血管后微静脉的表达量减少。此外，存在于类似淋巴髓质组织中的单核细胞-巨噬细胞-颗粒细胞数量则增加。如果毛细血管后微静脉的表达量减少，那么淋巴结中的淋巴细胞也随之减少。对于一头感染严重的病猪其各组织中都可观察到基本的淋巴组织病变，主要包括淋巴结、扁桃体、淋巴集结、脾脏和胸腺。而部分病例中在各组织细胞内能发现含有 PCV2 的嗜碱性细胞胞浆包涵体，有时也能观察到多病灶的凝固性坏死。

其他病理组织病变。患病仔猪肺脏组织中多见不同程度的间质性肺炎和纤维素性肺炎，主要表现为间质增生，其中有较多的巨噬细胞浸润和淋巴细胞；部分肺泡壁毛细血管扩张充满红细胞，肺泡腔充满粉红色的浆液或纤维蛋白炎性渗出物；肺泡腔缩小；肺血管出现栓塞；同时淋巴管内出现纤维蛋白和红细胞，还可观察到巨噬细胞包涵体。肝脏弥漫性淤血、出血；肝细胞发生变性坏死，有的细胞核碎裂、溶解、消失，细胞浆淡染且呈空泡状。肾脏观察到肾小球皱缩、间质增生等。肾间质血管扩张出血、充血，肾小球萎缩，其肾小管出现功能性萎缩，肾小囊内有大量的浆液；肾盂和集合管出血、炎性细胞浸润；肾小管上皮细胞崩解、坏死。肝细胞排列紊乱，结缔组织增生；假性肝小叶形成，汇管区有淋巴细胞和中性粒细胞浸润；心肌细胞肿胀，肿胀部位有炎性细胞浸润，肌纤维粗细不均，横纹消失不明显。

第二节　断奶仔猪多系统衰竭综合征诊断

PMWS 有一定的特征性症状，但易与蓝耳病、猪伪狂犬等疾病混淆，应剖检多头病例，以助于本病的诊断，但确诊需进行实验室检验。在对 PMWS 进行诊断时，应注意在通过流行病学、临床症状和病理变化初步怀疑为断奶后多系统衰竭时，要考虑到可能混合感染链球菌、副猪嗜血杆菌、胸膜肺炎放线杆菌、多杀性巴氏杆菌和肺炎支原体等病原体。如果在实验室内能分离到链球菌、多杀性巴氏杆菌等，可以认定猪只死亡的原因，主要由上述疾病发生继发性感染所致。

一、临床诊断

到目前为止该病的发病机理还不完全清楚，但此病的临床症状对诊断有很大帮助，如临床表现消瘦，呼吸急促，体重下降，迟钝，用手能够摸到淋巴结等，一些发病猪出现黄疸，这种现象临诊上其他病是不多见的，病理学检查在死后诊断极其有用，当发现全身淋巴结肿大，肺形成固化、致密病灶，肾肿胀时，应怀疑本病。病理学检查可见全身淋巴组织的淋巴细胞减少，单核吞噬细胞类细胞浸润及形成多核巨细胞，如在这些细胞中观察到嗜碱性或两性染色的细胞质内包涵体，则基本可以确诊。抗生素治疗无效或治疗效果不佳。

二、实验室诊断

对 pcv 的诊断方法主要分为血清学方法和病原学方法。目前已建立和应用的实验室诊断技术有电子显微镜技术、细胞克隆技术、病毒的分离与鉴定、聚合酶链式反应（PCR）、间接免疫荧光试验（IFA）、间接酶联免疫吸附试验（ELISA）、免疫组织化学试验（IHC）等。病毒的分离与鉴定多用于急性病例的确诊和新疫区的确定。

1. 材料准备

（1）器材 25cm（2 T25）细胞培养瓶、直径 15mm 盖玻片、55mm 圆形有盖平皿、微量移液器、恒温水浴箱、二氧化碳（CO_2）恒温箱、普通冰箱及低温冰箱、离心机及离心管、组织研磨器、孔径 $0.2\mu m$ 的微孔滤膜、普通光学显微镜。

（2）试剂 RPMI1640 营养液、犊牛血清、青霉素（$105\mu g/mL$）与链霉素（$105\mu g/mL$）溶液、氯仿、300mmoLD（＋）氨基葡萄糖、Hanks 平衡盐溶液。

（3）细胞培养物无 PCV 污染的猪肾传代细胞 PK-15。

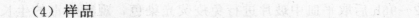

（4）样品

① 样品的采取和送检　在发病早期，无菌采取病猪的血清。对病死猪立即采取肺、扁桃体、淋巴结、脾、肾、肝等组织数小块，置冰瓶内立即送检。不能立即检查者，应放 $-25\sim-30℃$ 冰箱中，或加 50%甘油生理盐水，4℃保存送检。

② 样品处理　若样品经 PCR 检测为 PCV 阳性，按如下方法进行处理。血清可直接使用。肺、淋巴结、扁桃体、脾、肾、肝等组织混合，组织剪碎后研磨成糊状，加入含有 $105\mu g/mL$ 链霉素，$105\mu g/mL$青霉素，两性霉素 B $200\mu g/mL$ 的 RPMI 1640 营养液，制成 10mg/100mL 悬液，$-20℃$ 反复冻融 3 次或 $-70℃$ 冻融 1 次，2000r/min 离心30min。吸取上清液，转移到新的离心管中，每 1mL 上清液加入 $50\mu L$氯仿，室温下不断混合 10min，1000r/min 离心 10min。怀疑有细菌污染的样品，也可用 $0.2\mu m$ 微孔滤膜过滤处理。取上清液，注意避免吸出氯仿，分装，$-70℃$ 保存。

2. 操作方法

（1）接种样品　取 2mL 上清液加到 18mL PK-15 细胞悬液，细胞浓度达到 5×10^4 个/mL，培养液用 10% 犊牛血清和 1% 双抗的 RP-MI1640。将 12mL 病毒细胞混合悬液分装到 2 个 $25cm^2$（T25）通气的细胞培养瓶中，每瓶 6mL。6mL 加入到装有直径 15mm 盖玻片的55mm 圆形有盖平皿中，置于 37℃ 5% CO_2 培养箱。

（2）细胞处理　接种后 $18\sim24h$ 长成 50%$\sim$60% 单层细胞，倾去培养瓶中培养液，加入 $2\sim3mL$ 预热 300mmol D（+）氨基葡萄糖，能覆盖细胞足矣，放入 37℃ 培养箱继续作用 30min。去除氨基葡萄糖，以Hanks 平衡盐溶液冲洗 $2\sim3$ 次，加入含有 2% 血清的维持液，放回培养箱。

（3）继续培养 48h 后，用间接免疫荧光法对平皿中的玻片培养物进行染色，以监控病毒生长。

（4）重复感染　取 1 个 T25 瓶反复冻融 3 次。用胰酶消化另一个T25 瓶内细胞，悬于 21mL 生长液，再加入第一瓶中的细胞悬液 6mL，取 15mL 接种到一个 $75cm^2$（T75）瓶，6mL 接种到一个 T25 瓶，6mL接种到有盖玻片的平皿中。

（5）72～96h 后取平皿中玻片进行免疫荧光染色，观察病毒的生长情况。将 T25 瓶反复冻融 3 次，接种到 T75 瓶内，继续传代。取少量细胞悬液进行 PCR 的检测。

3. 结果的判断和解释

在第一代培养时，若 IFA 检测为阴性应继续盲传，第三代培养 IFA PCR 检测为阳性，则判定为 PCV 病毒分离阳性。

最直观的方法是用电子显微镜（electron microscopy，EM）直接观察病毒颗粒。可以根据病毒本身所具有的形态、结构和大小等不同特征，很直观地鉴别出病毒类型。电镜观察的方法是将从病死猪采集的肾、淋巴结等组织经研磨匀浆后，反复冻融三次后离心取上清，将上清用氯仿抽提后接种无污染的 PK-15 细胞，分离纯化病毒，然后在电镜下观察病毒的形态。但是该方法费时较长，所以不适用于疾病的快速诊断。

间接免疫荧光试验（immunonuoreseeneeassay，IFA）的基本原理是利用特异性的抗体和细胞或者组织中的病毒结合，然后用荧光素标记的二抗和一抗结合反应，利用荧光显微镜观察结果。如果在镜检中出现特异性的荧光则证明细胞或者组织中有 PCV 病毒的存在，即为 PCV 阳性。在试验中需设立阴性对照，即用无 PCV 感染的正常 PK-15 细胞或者组织作为对照。在我国，芦银华等使用 IFA 对我国部分地区规模化猪场血清进行检测，证明 PCV2 已经在我国广泛流行。

间接免疫荧光试验（IFA）和免疫过氧化物酶单层试验（IPMA）是诊断 PCV2 最常用的血清学方法。在 1989 年 Dulacl 首次使用免疫过氧化物酶单层细胞试验（IPMA）对 PCV2 进行检测，该方法的操作步骤其实与 IFA 类似，只是将荧光素标记的二抗换成过氧化物酶标记的二抗，反应结束后不需要通过荧光显微镜进行观察，可以直接借助普通的光学显微镜观察到染色的阳性细胞。

免疫组化法（immunohistochemis 时，IHC）技术是一种免疫染色方法，不需要昂贵的仪器，样本较容易保存，可以对携带抗原的细胞或者组织进行大体形态的评估，但是 IHC 操作较繁琐而且耗时较长。如果二抗选择过氧化物酶标记的话，则在试验过程中必须除去组织或者细胞中的内源性氧化物酶，因为样品中的内源酶的非特异性背景颜色会干

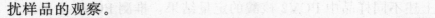

扰样品的观察。

　　血清学方法中最主要的是 ELISA 方法。该方法最初是用 PCV1 全病毒为抗原建立的 ELISA 方法，因为 PCV1 和 PCV2 之间具有抗原交叉性，因此，该方法不能区分 PCV1 和 PCV2。所以为了检测 PCV2 感染后的特异性抗体，主要采用竞争 ELISA、间接 ELISA 和抗原捕获 ELISA。Walker 等利用 PCV2 的细胞培养物为抗原和 PCV2 特异性的单克隆抗体建立了一种竞争 ELISA 方法。用该方法与 IFA 的检测结果进行比较，ELISA 具有更高的敏感性和特异性。McNeilly 制备了 PCV2 特异性单克隆抗体，并用单克隆抗体包被酶标板，建立了抗原捕获 ELISA，发现该方法的建立可以很好地诊断 PMWS 与 PCV2 的亚临床症状。Waller 等建立了竞争 ELISA 方法来检测 pcv-2 抗体，并对来自英国、加拿大和法国的 484 份感染 pcv-2 的猪血清进行检测，检出率可达 99.58%，所以认为此方法适合于大规模的 pcv-2 抗体的快速诊断。Liu 等将编码 pcv-2 结构蛋白（Cap）的序列克隆到杆状病毒表达载体上，并将重组表达的 Cap 蛋白纯化后作为 ELISA 的包被抗原。通过与免疫过氧化物酶单层试验（IPMA）比较，发现这种 ELISA 方法（rcELISA）的敏感性和特异性都非常高，同时试验表明与 pcv-1、PRRSV、PPV 都无任何交叉反应。

　　病原学方法主要包括 PCR 方法、原位杂交（ISH）法等，其中 PCR 方法应用较为广泛。郎洪武（2001）等根据 PCV 的种特异性和 pcv-2 型特异性，设计 2 对 PCR 引物，进行多重 PCR 检测 PCR。1 对引物扩增出的片段具有 PCV 的种特异性，扩增区域是相对保守的 ORF1 部分核苷酸片段，大小约为 900bp。另一对引物扩增出的片段具有 pcv-2 型的特异性，扩增区域为可变性相对较大的 ORF2 部分的核苷酸片段，大小约为 470bp。芦银华（2001）等报道了应用复合 PCR 方法来检测猪圆环病毒，它是通过在同一 PCR 反应体系中加入多对引物，扩增多个基因片段，结果表明此方法可以快捷地对 PCV 进行检测和分型。Segales（2002）等通过对 PMWS 病猪和 PCV2 亚临床症状的病猪的血清、扁桃体及气管、鼻、粪便和尿拭子中的 PCV2 核酸的 Real-time PCR 检测，发现血清中病毒的含量最高；其次是气管、扁桃体、鼻腔和粪便，而尿液中含量最低；来自 PMWS 病猪样品的病毒含量高于 PCV2 亚临床感染猪；病理变化越严重，血清和拭子中的病毒含量越高。根据上述不同样品中 PCV2 核酸的定量结果，推测 PCV2 主要经过呼吸道（鼻腔、气管和支气管）和口腔（扁桃体）排出，其次是随尿和粪便排出。原位杂交（insituhybridization，ISH）技术不仅可以检测组织细胞中的病毒核酸，而且能够对病毒在组织中的分布进行定位，弥补了上述多种 PCR 技术无法确定病毒核酸在组织细胞中的位置的不足。所用的探针标记物多是无污染、对人体安全的地高辛或荧光素。Sara Henriksson 等就通过使用锁式探针的方法，发现在包括了肺炎支原体病、胸膜肺炎放线杆菌病、萎缩性鼻炎、沙门氏菌病、猪痢疾、猪传染性胃肠炎病毒病和伪狂犬病等这些主要的肠道及呼吸道疾病感染的猪群中，PMWS 是最常被诊断出来的疾病。Kim 通过双原位杂交技术可同时检测 PCV2 与其他混合感染病毒（如 PPV、PRRSV 等），确定两种病毒是否共同感染同一细胞，从而为进一步深入研究 PCV2 的致病机制及其与其他病原的协同作用机制提供依据。

目前对于 PCV3 的另一个研究重点是检测方法，包括血清学检测方法和分子生物学检测方法。血清学检测方法主要是基于表达的 PCV3 Cap 蛋白。普莱柯生物工程股份有限公司建立了 Cap 蛋白包被的血清学方法，进行了 2013—2017 年血清学回溯性检测，发现 PCV3 自 2015 年起阳性率上升。样品为 2013—2017 年间采集的来自全国的 1688 份临床血清，结果显示 840 份阳性，来自 16 个省，包括山东、江苏、湖北、山西、安徽、河南、江西、福建、重庆、天津、辽宁、甘肃、四川、内蒙古等，涵盖了国内养猪业分布的主要区域。此外，在 2015 年就从临床血清样本中检测出 PCV3 抗体，阳性率为 22.35%。2016 年 PCV3 血清学阳性率上升至 46.54%，2017 年上半年阳性率为 51.88%。以上结果表明，PCV3 在我国广泛传播，自 2015 年以来阳性率上升。除了血清学方法，更多研究报道了 PCV3 的分子生物学检测方法，包括常规 PCR、荧光 PCR 和等温扩增方法，以及特异性的测序引物。PCV3 病毒基因组全长 2000bp，诊断用引物和探针的位置常位于基因组保守区域的 Cap 基因。基于 SYBR Green 的实时荧光定量 PCR（qPCR）检测方法，检测了 203 份来自中国猪群临床样本中的 PCV3。PCV3 的检测限（LOD）为 1.73×10^4 拷贝/μL，SYBR Green 实时定量 PCR 为 1.73×10^2 拷贝/μL。熔解曲线分析显示，在 82.5℃时有一个单一的熔融峰。批内变异系数达到 1.83%，批间变异系数达到 2.27%。SYBR

Green 实时定量 PCR 和传统 PCR 检测 203 例临床样本的 PCV3 阳性检出率分别为 86.70% 和 26.60%。在基于 SYBR Green 的实时 qPCR 中与常规 PCR 相比，对于所检的每个组织都显示出更高的阳性率。

　　总之，实验室诊断中用血清中和试验，具有特异性高的优点，但费时、费力，而且操作繁琐，不能检出感染早期的抗体。ELISA 法特异性强、重复性良好，比 LFA 的符合率高，且敏感性优于 LFA，为我国大型猪场血清学检查提供了一种快速、敏感、特异的方法，但它对条件要求非常高；Dot-ELISA 的结果比较直观，但操作比较繁琐，存在一定的非特异性，重复性也不一致；进口 ELISA 试剂盒的检测程序较为规范化，但需特殊仪器，同时价格昂贵。

第四章

豫西地区断奶仔猪多系统
衰竭综合征调查

断奶仔猪多系统衰竭综合征（Postweaning multisystemic wasting syndrome，PMWS）主要是由猪圆环病毒Ⅱ型（*Porcine circovirus*，PCV-2）引起的仔猪断奶后多系统进行性消耗综合征候群，是继猪繁殖与呼吸综合征（PRRS）之后新发现的猪的重要传染病。1978 年，德国学者Tischer 首次分离到该病毒，并于 1982 年将其命名为猪圆环病毒（PCV）。1997 年，Clark 从加拿大西部患有 PMWS 的猪群中分离到病毒，该病毒与 PK-15 细胞中圆环病毒相似并命名为Ⅱ型猪圆环病毒（PCV-2）。PMWS现已在北美、欧洲及大洋洲广泛蔓延。亚洲地区的日本、韩国、中国台湾也有本病存在。我国的郎洪武等、曹胜波等先后通过血清学调查及 PCR 技术对北京、天津、上海、山东等 7 个省市的 559 份血清进行检测，结果显示PCV-2 抗体阳性率为 42.9％，从而证实我国一定区域内广泛存在猪圆环病毒。另外研究表明，Ⅱ型猪圆环病毒（PCV-2）不仅是 PMWS 的病原，而且与猪皮炎及肾病综合征、猪增生性坏死性肺炎、传染性先天性震颤等有关。为了更好地研究预防本病，笔者对豫西地区 PMWS 的流行情况及 PCV-2 血清学进行了调查，并在部分猪场进行了预防控制研究。

第一节　调查材料与方法

一、调查时间、地点、对象

第一阶段（2004 年 5 月—2005 年 4 月）在河南科技大学动物科技学院猪病防治研究中心和洛阳市畜牧兽医工作站，对来自豫西地区（洛阳、三门峡、平顶山等地）的病例或送检的血液。第二阶段（2005 年 5月—2006 年 2 月）按 10％的比例对豫西地区 10 个主要养猪县 32 个猪场的种猪、断奶仔猪随机取样，耳静脉采血，4℃放置过夜，吸取上清液放入灭菌小瓶中-20℃保存备用。

二、调查方法

第一阶段，根据临床症状诊断、病理剖检诊断、实验室诊断确定

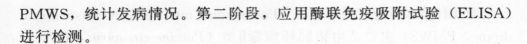

PMWS，统计发病情况。第二阶段，应用酶联免疫吸附试验（ELISA）进行检测。

1. 临床症状诊断

该病的临床症状多样，但主要症状为进行性消瘦、呼吸困难、被毛蓬乱、个别拱背（图 4-1）、食欲减退、腹泻、体表淋巴结特别是腹股沟淋巴结肿大。病猪偶尔还出现咳嗽、发热、中枢神经症状和突然死亡（图 4-2）。在发病的猪场中，7～15 周龄的仔猪发病率为 5％～20％，而病死率可达 80％，另外病猪可并发感染条件性病原体，例如卡氏肺孢子虫。约有 20％病例可见皮肤，可视黏膜黄染。发病猪中大约有半数于 2～8d 内死亡，其他猪在衰弱状态下残存数周，几乎没有康复的猪。

图 4-1　PMWS 仔猪拱背、腹泻

图 4-2　PMWS 死亡仔猪外观症状

2. 病理剖检

病猪营养不良，皮肤苍白、黄染、消瘦、全身淋巴结不同程度肿大，尤其是腹股沟淋巴结、肠系膜淋巴结肿大、出血、坏死（图4-3）。有的淋巴结外观为灰白色或深浅不一的暗红色，切面外翻、多汁、灰白色脑髓样。可见有点状坏死灶，也有周边充血、出血的，淋巴结病变复杂多样，剖检时应注意分析判断；肺萎缩不全或形成固化及致密病灶，多呈弥漫性间质肺炎或纤维素性胸膜肺炎的病变（图4-4）。

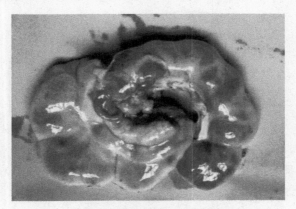

图4-3 PMWS病猪肠系膜淋巴结出血坏死

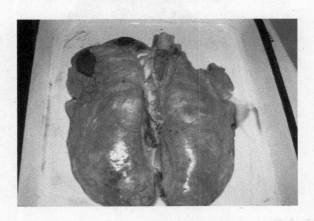

图4-4 PMWS病猪肺萎缩不全

胸腔有多量淡黄色液体，肺浆膜表面有数量不一的纤维蛋白，少则为几束纤细线条样，多则为绳索状或片状覆盖于肺表面和肋膜相互交织在一起而构成纤维素性病变，多伴有气喘病、蓝耳病、副猪嗜血杆菌病等；脾肿大，边缘有丘状突起以及出血性梗死灶；肾不同程度地肿大，被膜紧张易剥离、颜色深浅不一，表面弥漫性细小出血点，致形状大小不等的灰白色病灶，呈弥漫性或散在分布，色彩多样，构成花斑外观，肾切面外翻,肾盂有时出现出血点(图 4-5 和图 4-6);肝不同程度变性,轻度卡他性炎症,有的胃发育不良,表现过度扩张,胃壁较薄,贲门括约肌萎缩,也有的胃大小与日龄不相称。

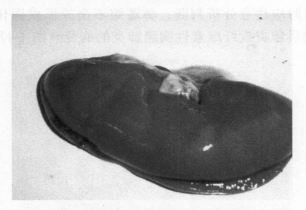

图 4-5　肾表面形状大小不等的灰白色的病灶(白斑肾)

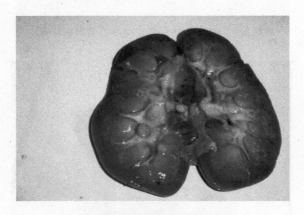

图 4-6　肾切面外翻,肾盂有时出现出血点

3. 实验室诊断

应用酶联免疫吸附试验(ELISA)进行检测。PMWS-ELISA 诊断试剂盒由华中农业大学动物科技与动物医学院动物病毒室提供,方法如下:

(1)将血清(送检的血液离心,吸取上面的血清)加入 40 倍的血清样品稀释液,配成 1∶40 稀释的待检样品。

(2)取预包被的 ELISA 板,用洗涤液洗涤三次,200μL/孔,每次静置 3min 倒掉，最后一次排干。除空白对照外，每孔加入 1∶40 稀释的待检样品 100μL，同样 1∶40 稀释对照血清，阳性对照 2 孔，阴性对照 2 孔，空白不加血清，轻轻摇匀孔中样品，置 37℃ 恒温箱中温育 30min。

（3）甩掉板孔中的溶液，用洗涤液洗涤三次，200μL/孔，每次静置 3min 倒掉，最后一次排干。然后每孔加酶标二抗 100μL，置 37℃ 恒温箱中温育 30min。

（4）甩掉板孔中的溶液，用洗涤液洗涤四次，方法同上，然后每孔加底物 A 和 B 各一滴（50μL），室温避光显色 10～15min，每孔加终止液 50μL，15min 内测定结果。

（5）结果判定　以空白孔调零，在酶标仪上测各孔 OD630 值。试验成立的条件是阳性对照孔平均 OD630 值大于或等于 1.0，阴性对照孔平均 OD630 值必须小于 0.2。样品 OD630 值大于 0.42，判为阳性；样品 OD630 值为 0.38～0.42，判为可疑；样品 OD630 值小于 0.38，判为阴性。

第二节　调查结果与分析

第一阶段，对来自豫西地区 86 个养猪场的有临床症状的 1237 份猪血清进行检测，PCV-2 阳性 1228 份，阳性率 99.27%，阴性 5 份，阴性率 0.40%。从猪只类型上看，6～10 周龄发病最多，占总病例数 71.30%。11～16 周龄次之，16 周龄以上最少。具体情况见表 4-1 和图 4-7。

表 4-1　PMWS 发病情况调查表

猪只类型	病例数	占总病例比例/%	PCV-2 阳性数	阳性率/%	占总阳性比例/%	PCV-2 阴性数	阴性率/%	可疑数
16 周以上	123	9.94	119	96.74	9.69	2	1.62	2
11～16 周龄	232	18.76	229	98.71	18.65	2	0.86	1
6～10 周龄	882	71.30	880	99.77	71.66	1	0.11	1
合计	1237		1228	99.27		5	0.40	4

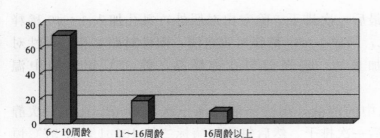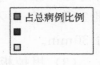

图 4-7　各年龄段猪 PMWS 发病情况

　　第二阶段调查各个种猪场种猪及仔猪 PCV-2 血清抗体检测结果见表 4-2。从表 4-2 可以看出，豫西地区 10 个主要养猪县 32 个猪场的种猪 PCV-2 阳性率平均 48.48％，断奶仔猪 PCV-2 阳性率平均 51.04％，其中，栾川县感染率最低，种猪 35.71％，断奶仔猪 36.67％。种猪 PCV-2 阳性率最高的是伊川县，感染率 59.38％，偃师县次之，感染率 56.25％；断奶仔猪 PCV-2 阳性率最高的是孟津县，平均感染率 61.06％，偃师县位居第二，感染率 59.56％（图 4-8）。

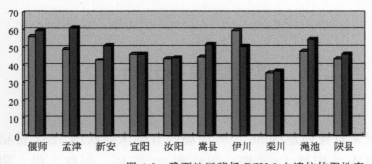

图 4-8　豫西地区猪场 PCV-2 血清抗体阳性率

表 4-2　豫西地区猪场 PCV-2 血清抗体检测结果表

县名	种猪	PCV-2 阳性数	阳性率/％	断奶仔猪	PCV-2 阳性数	阳性率/％
偃师	128	72	56.25	136	81	59.56
孟津	120	59	49.17	113	69	61.06
新安	98	42	42.86	80	41	51.25
宜阳	86	40	46.51	78	36	46.15
汝阳	46	20	43.48	50	22	44.00
嵩县	40	18	45.00	56	19	51.79
伊川	64	38	59.38	71	36	50.7
栾川	28	10	35.71	30	11	36.67

续表

县名	种猪	PCV-2 阳性数	阳性率/%	断奶仔猪	PCV-2 阳性数	阳性率/%
渑池	54	26	48.15	68	37	54.41
陕县	62	27	43.55	82	38	46.34
合计	726	352	48.48	764	390	51.04

第三节　讨论与小结

一、从检测结果上看，第一阶段调查 PCV-2 阳性率很高，达 99.27%，这与我们的调查统计是在兽医门诊有关，并且，从临床症状上看，有 PMWS 表现和怀疑是 PMWS 才进行检测的，同时也说明 PMWS 的特征性临床症状、病理变化等对该病的诊断很有意义。病理学检查发现全身淋巴结肿大、肺萎缩不全或形成固化及致密病灶时，应怀疑是本病。第二阶段在豫西地区 10 个主要养猪县 32 个猪场随机抽样种猪（726 份血清）、断奶仔猪（764 份血清）共 1490 份血清调查结果显示，豫西地区各县猪场 PCV-2 阳性很普遍，但各县有差异，栾川县种猪、断奶仔猪感染率相对其他县最低，我们分析与该县属于山区、与外界来往较少有关，伊川、孟津、偃师感染率较高与该县交通发达，车辆、人员来往频繁，猪场管理不当有关。叶玮等对 2003—2005 年福州地区 PCV2 的流行病学调查结果为在 1171 份血清中，阳性 304 份，阳性率 26%，其中经产母猪、后备猪、断奶仔猪、哺乳猪阳性率分别为 31.3、19.2、10.4、0。八个县（市、区）全部感染，阳性率为 3%～100%，调查的 41 个场中 31 个场感染 PCV2。2003 年感染率为 37.5%，2004 年为 19.8%，2005 年为 25.2%，虽然 2004 年感染率有所下降，但 2005 年感染率有所回升。李曦等在对 PMWS 病原学调查当中发现，吉林省的公主岭猪场，临床表现 PMWS 的发病猪 PCV-2 阳性率为 73.7%，这一结果显示出 PCV-2 病毒与 PMWS 的密切相关性。陶海静等应用酶联免疫吸附试验（ELISA），测定了河南省 1886 份血清样本，对不同地区、年龄和品种猪的血清学数据进行了综合分析。结果为 36 个猪场中 34 个 PCV-2 血清抗体呈阳性；对不同年龄的猪群，1 年龄

PCV-2 血清抗体阳性率为 52.75％，2 年龄为 45.84％，3 年龄 39.03％，4 年龄为 1.67％，5 年龄为 0；土杂猪 PCV-2 血清抗体阳性率 52.54％，与长白猪 51.31％差别不大，但明显高于大约克和杜洛克；以上结果表明，PCV-2 在猪群中的感染非常普遍，不同年龄及不同品种猪对 PCV-2 的易感性不同。

二、第一阶段 PMWS 发病情况调查结果显示，6～10 周龄仔猪发病最多，11～16 周龄次之，16 周龄以上最少，说明 PMWS 主要侵害断奶仔猪。陈枝华等（2003）认为，断奶可能是重要的诱导因素。仔猪是稚阴稚阳之体，从出生到哺乳阶段结束，机体主要靠由母乳获得的被动免疫来保护，随着仔猪的生长，仔猪由母乳获得的被动免疫力逐渐减弱，而此时仔猪的主动免疫功能还尚未完善，功能低下，早期断奶会引起仔猪消化吸收受抑和机体免疫力显著降低造成，其对病原微生物易感性升高，体增重速度下降、生长发育迟缓、发病率和死亡率升高。调查中发现有些仔猪临床上有 PMWS 表现，但 PCV-2 血清抗体检测值不高或为可疑，进一步抽取其母猪血检测，往往 PCV-2 血清抗体为阳性，说明母猪抵抗力强，尽管 PCV-2 血清抗体为阳性，但是，临床上不表现症状，对仔猪存在隐患，应定期检测母猪群血清抗体，及时预防。

三、防治措施

① 改变和完善饲养方式，做到养猪生产各阶段全进全出，避免将不同日龄的猪混群饲养。引进猪时要注意来源猪场必须实施严格的生物安全措施，并且猪群中没有 PMWS。

② 将消毒工作贯穿于养猪生产的各个环节，最大限度地降低猪场内污染的病原微生物、减少猪群继发感染的概率。

③ 加强哺乳期的饲养管理，尽可能提高断奶窝重和断奶仔猪的采食量。提高猪群营养水平，降低猪群的应激因素。

④ 采用完善的药物预防保健方案、控制猪群的继发感染。针对目前豫西地区猪群中的 PMWS 的发病特点和生产实际，采用以下药物预防保健方案。a. 仔猪用药：哺乳仔猪在 3、7、21 日龄注射 3 针得米先（林可霉素＋大观霉素）或者在 10、21 日龄注射速解灵 2 针；断奶前 1 周至断奶后 1 个月，用支原净（5.0mg/kg）加金霉素或土霉素或强力

霉素（1.50mg/kg）拌料饲喂，同时用阿莫西林（5.0mg/kg）饮水。
b. 母猪用药：在产前一周和产后一周饲料中添加支原净（1mg/kg）＋金霉素（3mg/kg）。

⑤ 做好猪场猪瘟、伪狂犬病、猪细小病毒、气喘病等疫苗的免疫接种。

第五章

断奶仔猪多系统衰竭综合征PCR诊断及相关病原分离鉴定

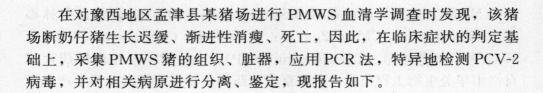

在对豫西地区孟津县某猪场进行 PMWS 血清学调查时发现，该猪场断奶仔猪生长迟缓、渐进性消瘦、死亡，因此，在临床症状的判定基础上，采集 PMWS 猪的组织、脏器，应用 PCR 法，特异地检测 PCV-2 病毒，并对相关病原进行分离、鉴定，现报告如下。

第一节　PCR诊断及相关病原分离鉴定材料与方法

一、病料采集

豫西地区孟津县潮阳镇某猪场的 8 周龄断奶仔猪群当中，选择临床检测具有生长迟缓、停滞、呼吸困难、渐进性消瘦或出现黄疸和曾经出现此类症状并死亡的猪只，采集病料包括肺脏、心脏、淋巴结、肾、气管、肝等组织脏器及鼻腔拭子、粪便。

二、器材

微量移液器，研钵，PCR 仪，电泳仪，玻璃匀浆器，10mL 带胶塞玻璃瓶，离心管，手术剪刀，镊子等。

三、试剂

0.9％生理盐水：在使用前加入青霉素和链霉素，使其最终浓度分别为 2000IU/mL 和 2000μg/mL。蛋白胨、牛肉浸膏、胰蛋白胨大豆肉汤、辅酶Ⅰ（NAD）（购自洛阳市化学试剂公司）；所需各种试剂均要求为分析纯，革兰氏染色液按常规方法制备，无菌脱纤维绵羊血自制。

药敏纸片：青霉素 G（Penicillin，P），10μg/片；阿米卡星（Amikacin，AN），30μg/片；卡那霉素（Kanamycin，K），30μg/片；氨苄青霉素（Ampocilin，AM），10μg/片；庆大霉素（Grntamicin，GM），10μg/片；头孢唑啉（Cefazolin，CZ），30μg/片；诺氟沙星（Norfloxacin，NOR），5μg 片；链霉素（Streptomycin，S），10μg/片；克林霉素（Clindamycin，CM），2μg/片；头孢曲松（Ceftraxone，CRO），30μg/片；环丙沙星（Ciprofloxacin，CIP），5μg/片。上述药敏药片购自洛阳华美生物工程公司，由北京天坛药物生物技术开发公司生产。氟苯尼考（Filrfenicol，F），30μg/片，购自河南农业大学畜禽疫病研究室。药敏纸片购回后在-20℃保存，并在有效期内使用。

DNA Extraction Kit，购自 QIAGEN 公司；rTaq 酶，购自 TO-KARA 宝生物技术公司。

四、病料处理

将病料反复冻融 3～5 次，无菌室内采取组织脏器 10g，于研钵中剪碎，用玻璃匀浆器制备组织匀浆，按 1：10（W/V）加入 0.9% 生理盐水。将匀浆液转至离心管中，3000r/min 离心 10min，取上清，应用 DNA Extraction Kit，按照试剂盒提供的方法提取病毒 DNA，备用。

五、PCR 检测

将提取的病毒 DNA 作为模板，进行 PCR 检测。引物 2 对，参照文献合成。1 对引物扩增出的片段具有 PCV 的种特异性，扩增区域是相对保守的 ORF1 部分核苷酸片段，大小为 900bp。引物序列为：

P1：5′-gTCTTCTTCTgCggTAACgCCTCCT-Tg-3′（1710 ～ 1736bp）。

P2：5′-TAggAggCTTCTACAgCTgggACAg-3′（874～850bp）。

第 2 对，扩增出的片段具有 PCV-2 的特异性，扩增区域为 ORF2 的核苷酸片段，产物大小为 470bp。引物序列为，

P3：5′-ATTgTAgT-CCTggTCgTATATACTgT-3′（100 ～ 126bp）。

P4：5′-CTCCCgCACCTTCggA-3′（1594～1570bp）。

每一次的 PCR 扩增试验均设置阴性、阳性对照，如果阴性对照出现阳性结果，则重新试验。PCR 扩增结果在 2% 琼脂糖凝胶上电泳检测，照片记录。

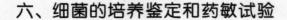

六、细菌的培养鉴定和药敏试验

1. 培养基制备

（1）常用培养基制备　营养肉汤、营养琼脂、血琼脂和胰蛋白胨大豆肉汤琼脂按常规方法配制。

（2）巧克力琼脂制备　将普通营养琼脂加热溶化，待冷却至50℃时，加入10％（V/V）脱纤维绵羊血，置于80℃水浴锅中，培养基颜色由红色变为巧克力色时，倾倒平皿，37℃培养24h，无菌生长后，置4℃保存备用。

（3）胸膜肺炎放线杆菌液体培养基制备　无菌取89％的普通肉汤、10％灭活小牛血清、1％ 0.5mg/mL的NAD，混合后，分装灭菌试管，每支3mL。

（4）尿酶培养基制备　分别称取蛋白胨1g、氯化钠5g、葡萄糖1g、磷酸二氢钾2g，一起加热溶于1000mL的蒸馏水中，调至pH 6.9～7.0后，加入0.4％酚红溶液3mL，再加20g琼脂粉溶化后，于121℃高压灭菌15min。冷却至45℃左右再加入10mL NAD(5×10^{-6}g/mL)、20mL 20％已过滤除菌的尿素溶液，摇匀后即可倾倒平皿，4℃保存备用。

2. 细菌分离与鉴定

无菌剖开病料，取病变组织少许，用消毒剪刀剪碎，盛于灭菌三角烧瓶中，加灭菌生理盐水适量，摇动数分钟后，用灭菌吸管吸取液体0.3mL，涂于巧克力琼脂平板，然后用灭菌L棒推平，自然干燥后，将平板放入烛缸中，37℃培养24h。观察菌落生长情况，有半透明、直径为1～2mm，且周围有淡淡荧光的单个菌落。转入液体培养基中再培养16～18h，然后镜检，发现为两极染色的革兰氏阴性小杆菌。

将分离株接种于尿酶培养基上进行尿酶试验；接种于绵羊血平板进行溶血特性鉴定；将液体培养物接种于绵羊血琼脂平板，同时十字划线接种金黄色葡萄球菌进行CAMP试验；将液体培养物接种于胰蛋白胨大豆肉汤琼脂平板，然后把含有V因子的滤纸片贴于其上，37℃培养

24h，进行 V 因子依赖性试验。

3．药敏试验

将液体培养物用灭菌生理盐水稀释，并与标准比浊管比浊，之后用灭菌棉签浸透菌液，将过量的菌液于管壁处加压并旋转挤出，均匀地涂布于绵羊血巧克力琼脂平板，敞开口置于37℃条件下放置15min，使平板表面干燥，之后贴上药敏纸片，置于烛缸中培养16～18h，量取各纸片的抑菌圈（mm）。

参考美国国家临床实验室标准委员会（National Council of Clinical Laboratory Standards，NCCLS）提供的判断标准，确定不同药物纸片的敏感中介度，低于中介度为低敏或耐药，高于中介度为高敏，处于中介度范围内为中敏。氟苯尼考为兽医专用药，其标准参考英国先灵葆雅公司推荐的标准。不同药物的敏感中介度标准见表 5-1。

表 5-1　不同药物的药敏中介度标准/mm

药物	P	AN	K	NOR	AM	GM	CZ	S	CM	CIP	F	CRO
中介度	12～21	15～16	14～17	13～16	14～16	13～14	15～17	12～14	15～16	16～20	17～19	14～20

第二节　诊断与分离鉴定结果与分析

1．PCR 扩增电泳检测结果

运用 PCR 方法，用病料组织提取的病毒 DNA 作模板，能扩增与其大小的片段（图 5-1）。

2．细菌分离及药敏结果

分离菌尿酶试验阳性，β-溶血，CAMP 试验阳性，V 因子依赖，判断为胸膜肺炎放线杆菌。分离到的细菌进行 12 种药物的体外药敏试验，其抑菌圈大小和不同药物的敏感度见表 5-2。根据抑菌环进行判断：从病料中分离到的猪胸膜肺炎放线杆菌对阿米卡星（Amikacin，AN）、

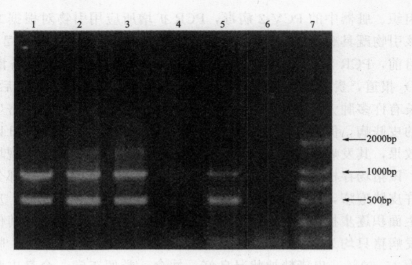

图 5-1　检测样品的 PCR 扩增电泳图

1～4—被检样品的 PCR 产物；5—阳性对照；6—阴性对照；7—DL 2000

氟本尼考（Florfenicol，F）高敏；对青霉素（Penicillin，P）、卡那霉素（Kanamycin，K）、氨苄青霉素（Ampicillin，AM）、庆大霉素（Gentamicin，GM）、头孢唑啉（Cefazolin，CZ）、诺氟沙星（Norfloxacin，NOR）、链霉素（Streptomycin，S）、克林霉素（Clindamycin，CM）、头孢曲松（Ceftriaxone，CRO）、环丙沙星（Ciprofloxacin，CIP）均耐药。

表 5-2　12 种药物对猪胸膜肺炎放线杆菌的抑菌圈/mm

药物	P	AN	K	NOR	AM	GM	CZ	S	CM	CIP	F	CRO
抑菌圈	6.0	16.5	10.0	6.0	7.0	12.0	11.0	6.5	6.5	8.0	19.5	8.0

第三节　讨论与小结

根据发病猪的流行病学特征、临床症状、病死仔猪的病理学变化和 PCR 诊断及相关病原分离鉴定，综合判定为 PCV-2 病毒和胸膜肺炎放线杆菌混合感染。

本试验中应用 PCR 法检测豫西地区孟津县某猪场表现 PMWS 症状

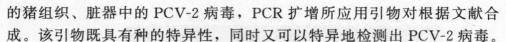

的猪组织、脏器中的 PCV-2 病毒，PCR 扩增所应用引物对根据文献合成。该引物既具有种的特异性，同时又可以特异地检测出 PCV-2 病毒。

目前，PCR 法检测已是一种快速诊断 PCV-2 的方法，潘淑惠等（2019）报道，贵州地区某县，一黑毛猪养殖场饲养的猪经屠宰后发现，身上长有许多肿大的淋巴结，经称重达到 5kg。最初认为是某寄生虫病引起的皮肤病，但是，对该猪场病猪用驱虫药进行治疗观察 10d 以上都未见效果，其发病越显严重，请求送检实验室以得到确诊。经现场实地检查，该猪场存栏有 190 余头杂交黑毛猪，猪群引进时就发现部分猪就有少许皮肤疱疹，在饲养过程中发现同舍的其他猪也逐步发病，皮肤疱疹发生面积逐步扩大，持续时间有 10 余个月，中间未发生过其他的病情。发病猪只均为育成肥猪，排查有临床症状的患猪 30 余头，临床发病率为 15.79%。患猪精神状况良好，饮食、粪便正常，全身皮肤均患有不同程度的局灶性皮炎，主要分布在颈部、下腹、四肢、前胛、臀部等皮肤上。用手触摸患部皮下浅表处，痛觉不明显，但是有乒乓球到网球大小的硬性炎性结节，边缘清晰。将病猪屠宰后检查发现，肌肉与皮肤边缘处见淋巴结肿大，呈大小不等的圆形包块，病变组织切面呈边缘规则的圆形或椭圆形坏死灶，内有大量的乳白色干酪样炎性分泌沉积物，其他脏器及组织未见异常。采集的发病猪病料组织样品 PCR 病原核酸检测结果为圆环病毒病原核酸检测为感染阳性，目的片段 353bp；伪结核棒状杆菌病原核酸检测为阴性。本次发生的疫病确诊为猪圆环病毒感染，没有耽误疫病最佳的治疗时间，为疫病的早期防控提供了参考依据。

断奶仔猪多系统衰竭综合征是近年来新出现的一种传染病，其主要的病原是 PCV-2 病毒，但一般由 PCV-2 单独引起的疾病比较轻微。PCV-2 感染可以破坏免疫系统，造成猪的免疫抑制，使猪对其他病源的抵抗力下降，所以，PCV-2 感染猪群中，常伴有病毒或细菌的混合感染。

由于猪繁殖与呼吸综合征、猪圆环病毒病、猪瘟、猪支原体病临床症状和病理变化方面较相似，且极易发生并发和继发感染，单凭临床症状、病理变化诊断很容易出现误诊现象，所以常常借助实验室检测进行确诊。姚奕蕾等（2010）报道当今猪场猪繁殖与呼吸综合征、猪圆环病毒 2 型混合感染最为严重。猪繁殖与呼吸综合征、猪圆环病毒病均可导致免疫抑制，降低机体抵抗力和免疫应答反应而引起其他病原微生物的继发和混发感染（周珍辉 2013）。猪繁殖与呼吸综合征常与猪圆环病毒病、猪瘟、猪支原体病、猪伪狂犬病、细小病毒病等发生混合感染；猪圆环病毒病与猪瘟也可混合感染。

　　本研究因条件所限仅对该猪场病猪进行研究，发现是 PCV-2 病毒和胸膜肺炎防线杆菌混合感染，对猪场病毒和细菌感染未进行检测。病料中分离到的猪胸膜肺炎放线杆菌对不常用的阿米卡星和新出的氟苯尼考高敏；而对常用的青霉素、卡那霉素、氨苄青霉素、庆大霉素、头孢唑啉、诺氟沙星、链霉素、克林霉素、头孢曲松、环丙沙星均耐药，说明猪场中滥用抗生素很严重，已产生耐药性，应引起重视。

第六章

断奶仔猪多系统衰竭综合征病理组织学研究

第一节 断奶仔猪多系统衰竭综合征肺、肝、肾等器官病理组织学研究

　　猪圆环病毒 2 型（*Porcine circovirus 2*，PCV-2）被认为是 PMWS 的主要病原，但是，关于 PCV-2 的致病机理还不甚清楚。我国是养猪大国，自 2001 年报道和明确在我国猪群中存在 PCV-2 感染的血清学证据以来，在许多地区都已发现大量的 PMWS 病例。鉴于其对养猪业的巨大危害，近年来 PCV-2 已经成为国内、外兽医界的研究热点。当前对 PCV2 的研究主要集中于病毒株的分离及 PCR 检测，关于 PCV-2 对猪的肺、肝、肾、心、胃、肠等内脏器官的病理组织学形态变化，目前的报道很少，而且缺乏详细的研究资料。2002 年以来我省一些规模化猪场不断有可疑病例出现，我们从实验室门诊收治病例中，通过临床症状和剖检病变观察，又用圆环病毒酶联免疫吸附试验（ELISA）测出 PCV-2 为阳性，从而确诊 PCV-2 在我省猪群中的感染，并对 PCV-2 阳性病猪的肺、肝、肾、心、胃、肠等内脏器官的病理组织形态学进行全面系统的观察和研究，现将结果报道如下。

一、肺、肝、肾等器官病理组织学研究材料与方法

（一）材料

1. 实验动物

　　河南省洛阳市、三门峡市等地猪场自然感染的断奶仔猪多系统衰竭综合征病猪（5～12 周龄），经血清学诊断 PCV-2 为阳性。

2. 试验试剂

　　圆环病毒酶联免疫（ELISA）诊断试剂盒（购于武汉科前动物制品

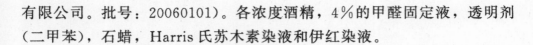

有限公司。批号：20060101）。各浓度酒精，4%的甲醛固定液，透明剂（二甲苯），石蜡，Harris 氏苏木素染液和伊红染液。

3. 主要仪器

酶标分析仪（型号：XD711，上海迅达医疗仪器公司）、101-2 型电热鼓风干燥箱（南通县农业科学仪器厂）、MDJ-4 自动磨刀机（天津航空机电公司）、SD-2 型推拉式三用切片机（山西医学院仪器厂）、小型三用水箱（北京西城区医疗器械厂）等。

（二）方法

1. 临床症状观察及病料采集

先对发病猪场病猪进行临床症状观察、记录；然后采血分离血清，按圆环病毒酶联免疫（ELISA）诊断试剂盒说明进行实验室检测；确定为阳性病猪后进行解剖观察，取其肺、肝、肾、心、胃、肠等器官放入4%的中性甲醛溶液固定。

2. 组织学观察

将病料固定 1～2d 后取出修整-脱水-透明-浸蜡-包埋-切片-染色-显微镜观察和拍照。

二、肺、肝、肾等器官病理组织学研究结果与分析

（一）临床症状观察结果

绝大多数猪只表现进行性消瘦，生长迟缓，采食量下降，被毛粗乱，有轻微的反应迟钝（图 6-1），精神差；猪只呼吸困难，喘气，呈腹式呼吸；出现贫血，皮肤苍白；个别猪皮肤和被毛发黄、全身性黄疸（图 6-2）；有的还有皮炎症状。

图 6-1　仔猪消瘦，有轻微的反应迟钝

图 6-2　仔猪被毛发黄

（二）眼观病变和镜检组织学变化

1. 肺脏

（1）眼观病变　肺脏比重增加，坚实或橡皮样，肺表面呈花斑状，灰棕色肺叶与正常的粉红肺叶相间；有黑红或棕色的出血斑，在肺尖叶和副叶区经常观察到灰色萎陷或坚实的区域。

（2）镜检组织学变化　全肺有程度不同的间质性肺炎变化。主要表现为：间质增生，其中有较多的淋巴细胞和巨噬细胞浸注，肺泡隔显著增厚，肺泡壁上的Ⅱ型细胞增生，较多的Ⅰ型肺泡上皮脱落。肺组织有轻度的淤血；偶见有多核巨噬细胞形成。肺脏有代偿性肺气肿；发生炎性反应的肺泡腔内常有纤维蛋白渗出物；肺被膜下偶有淋巴栓样结构的形成（图6-3和图6-4）。

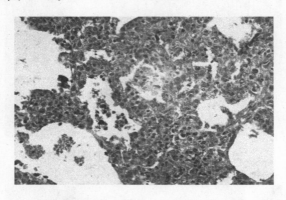

图 6-3　肺泡上皮脱落，肺泡腔中有较多的脱落上皮
和少量炎性渗出物

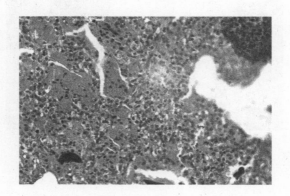

图 6-4　肺泡隔增生、增厚，间质中有较多的
淋巴细胞和巨噬细胞浸润

2. 肝脏

（1）眼观病变　肝脏为轻度到中度的萎缩，严重病例的肝小叶，结缔组织增生非常明显。

（2）镜检病变　中央静脉扩张、充血，周围有大量的炎性细胞浸润；肝窦扩张、淤血，肝细胞发生颗粒变性，严重时具有较多的脂肪空泡。在汇管区及小叶间质中有淋巴细胞和嗜中性白细胞浸润，间质水肿和增生（图6-5和图6-6）。

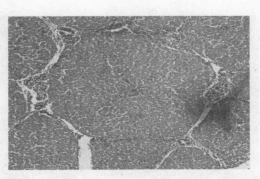

图 6-5　中央静脉和窦状隙淤血，小叶间质轻度水肿和增生，肝小叶界限明显

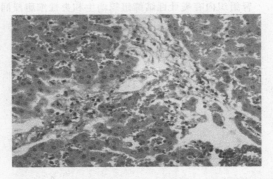

图 6-6　小叶间的结缔组织增生，轻度的水肿，有较多淋巴细胞浸润

3. 肾脏

（1）眼观病变　半数病例的肾脏被膜下呈现可见的白色病灶（"白斑肾"），所有病例肾脏都肿大、苍白，变形严重时可达正常的 2 倍。

（2）镜检病变　轻度或严重的局灶性间质性肾炎，肾小管的间质内有结缔组织增生，大量淋巴细胞和少量噬中性白细胞浸润，肾小管上皮细胞脱入管腔，严重时见上皮完全脱落，管腔闭塞，炎灶外的肾小管上皮细胞肿胀，呈现颗粒变性（图 6-7 和图 6-8）。

4. 心

（1）眼观病变　心包增厚、浑浊、不透明，心包腔内含有一定量的污浊液体，并混有少量的纤维蛋白。心冠脂肪发生胶样萎缩，心脏变形，质地变软，有白色炎症病灶（图 6-9），个别在心外膜和心内膜间有出血。

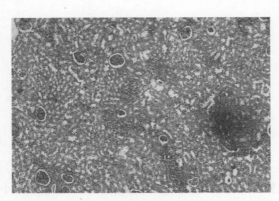

图 6-7　肾组织内有炎灶性结缔组织增生和炎性细胞浸润变化

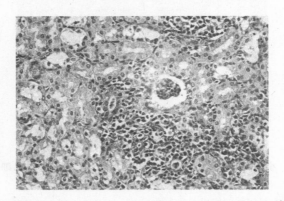

图 6-8　肾小球萎缩，肾小囊扩张，肾间质中有大量淋巴细胞和单核细胞浸润

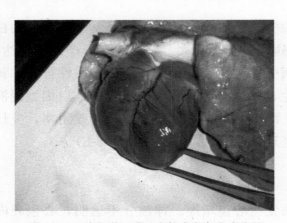

图 6-9　心脏变形，质地变软有白色炎症病灶

（2）镜检病变　心肌纤维肿胀，多呈颗粒变性，少见脂肪变性，间质多呈局灶性增生，在增生较明显的部位可见较多的淋巴细胞和巨噬细

胞浸润。

5. 胃

（1）眼观病变　胃壁变薄、发炎，胃黏膜潮红、肿胀，黏膜面上被覆较多黄白色黏液，在胃的有腺部位，特别是胃底部常见出血点，甚至出血斑，偶见大小不一的溃疡病灶（图 6-10）。

图 6-10　胃黏膜潮红、出血，甚至溃疡

（2）镜检病变　胃平滑肌变性、着色不良。胃黏膜上皮肿胀、脱落，胃腺的颈黏液细胞增多，主细胞和壁细胞的数量减少。

6. 肠

（1）眼观病变　肠壁变薄，肠腔内积液，肠黏膜上常覆有较多的黏液，并见小点状出血。在回肠和结肠前部，常见肠壁的集合淋巴小结和孤立淋巴小结呈堤状肿胀。病变严重时淋巴小结上的黏膜可坏死脱落，形成大小不一溃疡性病灶。

（2）镜检病变　肠平滑肌变性，肠黏膜上皮肿胀、大量脱落，部分绒毛萎缩。固有层中毛细血管扩张充血，其中常有较多的淋巴细胞和巨噬细胞浸润。

三、讨论与小结

大多数学者认为 PMWS 的发病主要与免疫系统功能低下有关，事实也支持这一观点：病猪出现广泛性淋巴病变，随着研究的不断深入，人们也清楚地知道 PMWS 病猪多个脏器受损伤。本研究观察发现，剖检典型症状病猪，肺脏有程度不同的萎陷。发生萎陷的肺组织，有的坚实，有的似橡皮状，在尖叶或副叶常见实变病变；肝淤血，常因结缔组织增生而硬度增大；肾脏肿大常见有出血点，皮质和髓质有散在大小不一的灰白色斑块。感染了 PCV-2 病毒的猪常出现的病理变化为肺部有明显的间质性肺炎，肺泡膈显著增厚，间质内有淋巴细胞和嗜中性白细胞浸润；肝小叶间质增生，胆管周围出现炎症，淋巴和嗜中性白细胞浸润；肾脏为多灶性间质性肾炎，肾小管上皮脱落明显，心肌有不同程度的多病灶性心肌炎；胃肠平滑肌表现肌肉炎，肠绒毛萎缩，这些与郎洪武（2001）剖检发病猪均见肠系膜淋巴结、腹股沟淋巴结明显肿胀；肺呈现明显的炎性病变；大、小肠出血；肾外膜有出血点；肝淤血、水肿，胆汁浓稠；脾明显萎缩；胰腺萎缩。对北京的发病猪进行病理组织学检查，可见淋巴结血管扩张、充血，淋巴滤泡减少或消失，淋巴窦扩张，其内充满单核白细胞和其它炎性细胞，淋巴窦内有大量含铁血红素沉着；肺呈现明显的支气管炎病变，支气管周围间质内有大量淋巴细胞浸润，支气管黏膜上皮增生，管腔内有黏液渗出；脾自髓发育不良，少见淋巴滤泡，脾窦内有大量炎性细胞浸润，脾实质中有大量含铁血红素沉着；胰腺上皮萎缩，腺泡明显变小；肠绒毛萎缩，黏膜上皮完全脱落，固有层内有大量炎性细胞浸润。

李鹏（2004）、唐建华等（2004）报道，剖检病变最显著的变化是全身淋巴结，特别是腹股沟浅淋巴结、肠系膜淋巴结、气管支气管淋巴结及下颌淋巴结肿大 2.5 倍，有时可达 10 倍。切面硬度增大，可见均匀的白色。集合淋巴小结也肿大，发生细菌二重感染的，则淋巴结可见炎症和化脓病变，使病变复杂化。肺肿胀，坚硬或似橡皮，表面点缀有灰褐色小叶，严重病例肺泡出血，颜色加深，尖叶和心叶萎缩或实变。肝脏发暗、萎缩，肝小叶间结缔组织增生；脾脏常肿大，呈肉样变化，其切面无充血变化；肾脏水肿、苍白，被膜下有白色坏死灶，盲肠和结肠黏膜充血或瘀血。组织学变化淋巴结和肺是 PCV-2 的主要靶器官。淋巴器官和淋巴结的主要变化为：淋巴滤泡缺失，肉芽肿性淋巴结炎，有大量巨噬细胞和多核细胞浸润，其脑浆内分布大量典型的病毒包涵体，其中含有凋亡小体。这些包涵体呈圆形，均质的嗜碱性或两性染色。肺有轻度多灶性或高度弥漫性间质性肺炎，肺泡隔显著肥厚，肺泡内有单核细胞、嗜中性粒细胞及嗜酸性粒细胞浸润，有时浸润细胞破坏了正常组织结构。部分肺的支气管、血管有淋巴细胞、组织细胞浸润，偶尔出现多核巨细胞。心肌表现不同程度的多病灶性心肌炎，有多种炎性细胞浸润；胃肠平滑肌有大量炎性细胞浸润，细胞多呈嗜酸性；肾脏轻度或严重多灶性间质性肾炎，肾皮质有淋巴细胞、组织细胞浸润，少数出现肾盂肾炎、急性渗出性肾小球炎，这些与郎洪武（2000）等报道一致。预示，通过临床症状观察和剖检，以及病理组织变化就可以初步判断猪是否感染了圆环病毒。

本研究观察发现，在肺部的被膜下出现了淋巴栓的形成、肝间质增生引起小胆管萎陷和肾小囊内有蛋白性滤出物，虽然这些病变在病例中出现的概率不高，而且还没有研究报道，但是这些病变可以解释病猪临床上出现的症状，胆管的萎陷导致胆汁不能排入胆囊内而使脂肪消化不良，从而导致黄疸症状的出现。淋巴栓的形成可影响淋巴系统循环，易引起组织水肿。肾小囊内出现蛋白性滤出物，可使肾囊压增高，滤出减少，排尿量少，加重了腹泻。

第二节　断奶仔猪多系统衰竭综合征盲肠扁桃体和胸腺病理组织学研究

随着养猪业的发展，近几年发生在仔猪群中的断奶仔猪多系统衰竭综合征（Post-weaning mulstisystemic wasting syndrome，PMWS），是目前世界各国公认的继猪繁殖与呼吸综合征（PRRSV）之后新发现的，制约养猪业发展的重要疫病之一。猪圆环病毒 2 型（*Porcine circovirus 2*，PCV-2）被认为是 PMWS 的主要病原。据有关资料显示，目前对断奶仔猪多系统衰竭综合征的研究主要集中在其病原体上，而对免疫器官的病理变化研究较少并且主要集中在外周免疫器官的脾脏和淋巴结上，对胸腺及盲肠扁桃体知之甚少。为此，本试验选用通过血清学检查确诊的临床自然病例，对其胸腺及盲肠扁桃体的病理组织学变化进行了观察和研究，现报告如下：

一、盲肠扁桃体和胸腺病理组织学研究材料与方法

（一）材料

1. 实验动物

选用洛阳市孟津县某猪场自然感染的断奶仔猪多系统衰竭综合征病猪（3～8周龄），经血清学诊断 PCV-2 为阳性。

2. 圆环病毒酶联免疫（ELISA）诊断试剂盒

购于武汉科前动物制品有限公司。批号：20050601。

3. 试验仪器

酶标分析仪（型号：XD711，上海迅达医疗仪器公司）、220-A。型电热恒温干燥箱、MDJ-4 自动磨刀机、SD-2 型推拉式三用切片机、小型三用水箱等。

4. 试剂

甲醛溶液（含量：37％～40％）、无水乙醇（含量：99.7％）、二甲苯（含量：99.0％）、石蜡（熔点范围：55～59℃）、苏木精、伊红、盐酸（含量：36％～38％）、中性树胶。

（二）方法

1. 临床症状和剖检变化观察

对临床自然发病的病例进行观察记录，并按圆环病毒酶联免疫（ELISA）诊断试剂盒说明进行实验室检测，为阳性者进行解剖观察。

2. 组织学观

将确诊的病猪剖解后取出其胸腺和盲肠扁桃体，放入10％福尔马

林液，固定 1～2d，然后取出修整-脱水-透明-浸蜡-包埋-切片-染色-观察。

二、盲肠扁桃体和胸腺病理组织学研究结果

（一）临床症状

病猪表现出精神差、食欲不振、被毛粗乱、渐进性消瘦、皮肤苍白、黄疸、呼吸困难、咳嗽、腹泻、生长缓慢等症状，期间曾用多种抗菌及抗病毒药物均未见明显效果。

（二）剖检变化

病猪出现不同程度的消瘦，皮肤苍白，最显著的变化是全身淋巴结特别是腹股沟淋巴结、肠系膜淋巴结、气管、支气管淋巴结及颌下淋巴结肿大 2～5 倍，有时可达 10 倍；盲肠扁桃体肿大，部分有溃疡灶；胸腺有轻微的充血；肺脏呈间质性肺炎变化，肿胀坚硬或似橡皮，间质增宽，严重病例肺泡出血，尖叶和心叶萎缩或实变。肝脏变暗、萎缩；脾脏肿大或萎缩；肾脏水肿、苍白被膜下有灰白色坏死灶；肠壁变薄，黏膜出血或脱落。

（三）组织学变化

盲肠扁桃体：光镜下观察可见，盲肠扁桃体中的淋巴组织呈现不同程度的损伤。部分孤立淋巴小结生发中心形成不全，淋巴细胞减少（图6-11）；部分孤立淋巴小结结构模糊，淋巴细胞稀少（图 6-12），有部分淋巴细胞的细胞核崩解破裂，在孤立淋巴小结内可见大量的网状细胞（图 6-13）。集合淋巴小结形成较多，且形成轻度生发中心（图 6-14）；肠底腺固有层有大量淋巴细胞浸润（图 6-15），在一例病猪的肠腔中发现有寄生虫的断面，其肠壁固有层有嗜酸性白细胞浸润（图 6-16）。

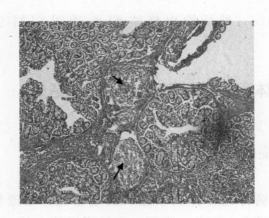

图 6-11　孤立淋巴小结生发中心形成不全（10×）

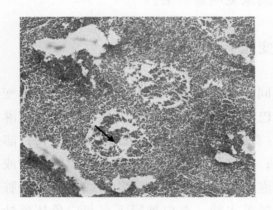

图 6-12　孤立淋巴小结结构被破坏（10×）

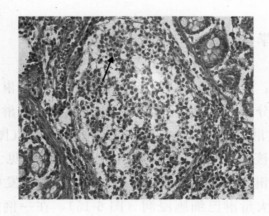

图 6-13　孤立淋巴小结内有较多网状细胞（40×）

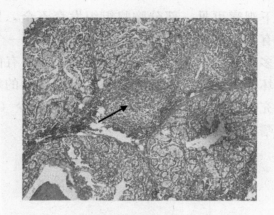

图 6-14 集合淋巴小结形成轻度生发中心（10×）

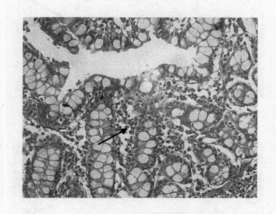

图 6-15 固有层淋巴细胞浸润（40×）

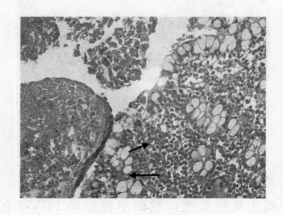

图 6-16 嗜酸性白细胞浸润（40×）

胸腺：光镜下观察可见，部分胸腺组织发育不全，另一部分胸腺组织的间质增宽，有大量淋巴细胞浸润（图 6-17）；在一个完整的胸腺小叶中皮质部有较多的淋巴细胞，这些细胞有的散在，有的聚集，还有的发生核浓缩和破坏的退行性变化；胸腺小体没有明显的病理损伤，髓质部毛细血管扩张充血，淋巴细胞增多，巨噬细胞较少（图 6-18）；深部皮质部有较多的嗜酸性白细胞（图 6-19）。

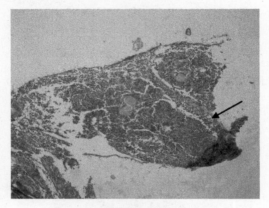

图 6-17　胸腺间质增宽（10×）

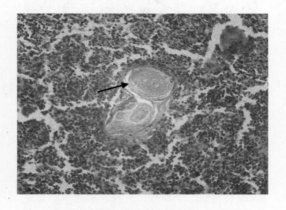

图 6-18　胸腺淋巴细胞浸润（40×）

三、讨论

PCV-2 主要损伤免疫系统，然而单独感染 PCV-2 的猪只，通常表现不出明显的临床症状，当 PCV-2 与其他病原体混合感染后，感染猪

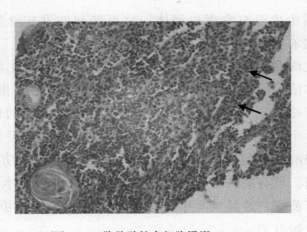

图 6-19　胸腺酸性白细胞浸润（40×）

才能表现出明显的临床症状。主要表现为消瘦，呼吸困难，腹泻，苍白，黄疸。盲肠扁桃体是黏膜淋巴组织，组织中的 B 细胞数量比 T 细胞数量多，而且多是能产生分泌 IgA 的 B 细胞，T 细胞则多为具有抗菌作用的 T 细胞。Sarli 等（2001）排除细菌、病毒和支原体等病原的影响，发现淋巴细胞严重减少时，PMWS 症状才明显，B 淋巴细胞的减少是 PMWS 出现的早期特征。聂立欣等（2006）研究发现，淋巴组织中的淋巴细胞同时减少。本试验结果表明，盲肠扁桃体中的淋巴小结的生发中心形成不全，孤立小结中有大量网状细胞增生，淋巴细胞的数量较少；固有层有大量的淋巴细胞浸润；外周血淋巴细胞数量减少。聂立欣等（2004）研究发现，淋巴结组织中的淋巴小结结构消失，淋巴细胞呈小灶性坏死，副皮质区扩大，大量的巨噬细胞和组织细胞浸润，并且在细胞胞浆中见到大量葡萄状分布的包涵体，呈嗜酸性；扁桃体内也发现组织细胞和匿噬细胞大量浸润，在巨噬细胞的胞浆中有大量的嗜酸性包涵体，呈葡萄状分布，部分巨噬细胞坏死溶解，只留包涵体，淋巴细胞减少；脾脏淋巴细胞减少，巨噬细胞和组织细胞大量浸润，并有少量的嗜酸性白细胞浸润；肾脏和肝脏淤血，少量肝细胞脱落，部分肾小球萎缩、坏死，肾小管管腔内有蛋白渗出物。肺脏部分代偿性气肿，部分为大叶性肺炎，在支气管、细支气管和肺泡腔内充满坏死细胞碎屑和炎性细胞，肠道淋巴滤泡内淋巴细胞减少。盲肠扁桃体的巨噬细胞的细胞质中有呈葡萄状的嗜酸性包涵体。而本试验的结果表明，盲肠桃体组织中的巨噬细胞的细胞数量较少，并且在巨噬

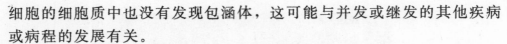

细胞的细胞质中也没有发现包涵体，这可能与并发或继发的其他疾病
或病程的发展有关。

本试验发现，胸腺小叶中皮质部淋巴细胞的核发生浓缩且数量较
多，胸腺小体结构保持完整，髓质部有较多的成熟的 T 淋巴细胞形成。
这表明，PCV-2 感染机体后，可引起机体的细胞免疫功能增强，但由
于病程不同，个体差异，机体免疫力不同，PCV-2 又可导致胸腺组织
中不同程度的淋巴细胞坏死现象，从而引起机体的免疫功能抑制，并发
感染其他疾病。现有的许多资料报道胸腺发生萎缩。而本试验的结果表
明，胸腺没有萎缩，并且胸腺中淋巴细胞数量增多，这可能与病猪的年
龄和病程的长短有关。

本试验用病猪，由于病程长短不一，混合感染的病原不确定，所以
观察到的巨噬细胞、组织细胞的数量极少，免疫细胞种类也不一样，盲
肠扁桃体组织中有少量的嗜中性白细胞浸润、嗜酸性白细胞浸润，表明
肠道有寄生虫寄生。胸腺组织中也有嗜酸性白细胞浸润，推测 PCV-2
可能入侵胸腺组织，并且在胸腺组织内产生相应的免疫应答，或者有寄
生虫存在。

第三节　断奶仔猪多系统衰竭综合征淋巴结和脾脏病理组织学研究

断奶仔猪多系统衰竭综合征 (PMWS) 是近年来流行于世界上许
多国家的一种新的病毒性疾病。由于该病的广泛流行和蔓延，给世界各
地的养猪业造成了严重的威胁和损失，在悉尼国际猪病会议 (IPVS)
上 PMWS 成为了一个热门话题。目前国内外均对该病毒进行了广泛的
研究，利用免疫组织化学，原位杂交方法研究了其对免疫系统的影响和
发病机制，发现了该病毒有嗜淋巴细胞性，但很少从免疫器官的病理组
织学变化上研究。本研究采用苏木素-伊红染色，研究观察该病毒对脾
脏和淋巴结结构的影响，为临床诊断和研究该病的致病机理及防治提供
科学的依据。

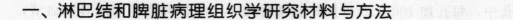

一、淋巴结和脾脏病理组织学研究材料与方法

（一）材料

1. 实验动物

本研究所用的实验动物来自洛阳周边县区送检疑似 PMWS 病猪，年龄在 3～8 周龄，经 PCV-2 血清抗体检测（ELISA）确诊为阳性的病猪。

2. 试验试剂

诊断试剂为猪圆环病毒酶联免疫（ELISA）诊断试剂盒（批号：20060202），购买自武汉科前动物制品有限公司；固定液为 10％的福尔马林溶液；脱水剂为 75％、80％、85％、90％、95％的酒精，100％酒精为无水酒精（分析纯）；透明剂为二甲苯分析纯试剂（含量 99.0％）；包埋剂为石蜡（熔点范围 55～60℃）；染色剂为苏木素-伊红试剂；分化液为 36％～38％盐酸分析纯试剂与 70％酒精溶液配成的 1％的酒精溶液；蛋白甘油为新鲜蛋白和甘油各 50mL，混合搅拌成泡沫，泡沫破裂后混匀，然后加入麝香草酚或硫酸钠少许。

3. 器材

诊断器械：XD711 酶标分析仪，购于上海迅达医疗仪器公司；病理切片制作的器械为 SD-2 型推拉式三用切片机、小型三用水箱；切片观察器械为 OLYMPUS 显微镜、XS-显微镜。

（二）方法

1. 病例诊断

根据流行病学、临床症状、病理变化，可以做出初步的诊断，然后再用猪圆环病毒酶联免疫（ELISA）诊断试剂盒诊断，方法是：①取预包被的 ELISA 检测板，用样品稀释液将待检样品 1∶40 稀释后加入板孔中，每孔加 100μL。再用样品稀释液 1∶40 稀释阴、阳性对照血清，阴、阳性对照血清各设 2 孔，每孔 100μL。②甩掉板孔中的溶液，用洗涤液洗板 5 次，200μL/孔，每次静置 3min 后倒掉，再在干净吸水纸上拍干。③每孔加酶标二抗（抗猪 IgG-HRP 结合物）100μL，置 37℃温育 30min。④洗涤 5 次，方法同②，切记每次在干净吸水纸上拍干。⑤每孔加底物 A 液、B 液各 1 滴（50μL），混匀，室温避光显色 10min。⑥每孔加终止液 1 滴（50μL），10min 内测定结果。⑦结果判定：以空白孔调零，在酶标仪上测各孔 OD_{630} 值。试验成立的条件是阳性对照孔平均 OD_{630} 值大于或等于 1.0，阴性对照孔平均 OD_{630} 值必须小于 0.2。样品 OD_{630} 值大于 0.42，判为阳性；样品 OD_{630} 值为 0.38～0.42，判为可疑；样品 OD_{630} 值小于 0.38，判为阴性。

2. 取材与固定

将确诊为 PMWS 的病猪剖解后取出脾脏和淋巴结（腹股沟淋巴结、肠系膜淋巴结、颌下淋巴结），切下有代表性的一部分放入 10% 福尔马林固定液中 1～2d，然后将其捞出放在小木板上用手术刀切下既有病变部分也有供对照的较正常的部分，切面要平整，切下的标本厚度以 2～3cm 为宜，否则固定液难以渗透。注意在切组织块时忌用用力牵引或挟持，以免组织结构发生变化。

3. 切片与染色观察

将固定完全且修整好的病理标本，再经水洗—脱水—透明—浸蜡—包埋—切片及附贴—染色后观察，并用数码显微照相系统照相，获得脾脏和淋巴结的病理组织学变化图片。

二、淋巴结和脾脏病理组织学研究结果

（一）临床症状

病猪精神和食欲不振、发热、被毛长且粗乱、进行性消瘦、生长迟

缓、呼吸困难、咳喘、气喘、贫血、皮肤苍白、体表淋巴结特别是腹股沟淋巴结肿大。有的皮肤与可视黏膜发黄、腹泻、胃溃疡。

(二) 巨检变化

病猪皮肤苍白，最显著的变化是全身淋巴结特别是腹股沟淋巴结、肠系膜淋巴结、气管和支气管淋巴结及下颌淋巴结显著肿大，有时可达10倍，切面硬度增大，可见均匀的白色，继发感染猪瘟时淋巴结有出血。集合淋巴小结肿大。脾脏常肿大呈肉样变化。肺呈现炎性病变，肺肿胀坚硬或似橡皮，表面点缀有灰褐色小叶，严重病例肺泡出血，颜色加深，尖叶和心叶萎缩或实变。肝脏变暗、萎缩，肝小叶间结缔组织增生，脾脏常肿大，呈肉样变化，其切面无充血变化；肾脏水肿、苍白，被膜下有白色坏死灶。盲肠和结肠黏膜充血。

(三) 组织学变化

1. 脾脏

光镜下观察可见脾组织失去正常固有组织，脾小体的结构不完整或消失。脾脏中央动脉周围淋巴鞘内的 T 淋巴细胞增多，脾窦内有嗜中性粒细胞和巨噬细胞浸润 (图 6-20)。脾小体内的 B 淋巴细胞数量减少，脾脏毛细血管扩张充血，脾小体内有弥散性出红细胞 (图 6-21)。

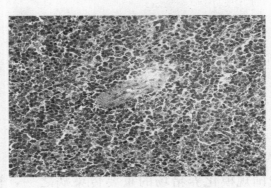

图 6-20　脾脏中 T 淋巴细胞增多的中央动脉周围淋巴鞘 (40×10)

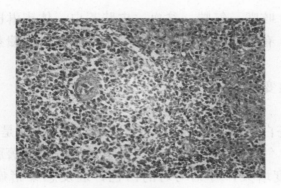

图 6-21　脾脏毛细血管扩张充血且出血（40×10）

2. 淋巴结

淋巴小结的结构不完整，生发中心形成不完全且小结内的 B 淋巴细胞减少呈弥散分布（图 6-22）；淋巴结的副皮质区增宽，其内的 T 淋巴细胞数量增多；小梁淋巴窦内充满了淋巴细胞（多是淋巴小结内的淋巴细胞蔓延到了小梁窦内），表明出现了卡他性淋巴结炎；淋巴结的被膜水肿且出血，被膜内有淡粉红色的浆液渗出；淋巴结中的毛细血管扩张充血，且血管周围有淋巴细胞浸润（图 6-23）。

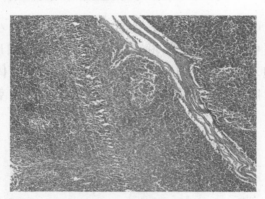

图 6-22　淋巴小结中 B 细胞数量减少（40×10）

三、讨论

PMWS 是我国规模化养猪场的重要传染病之一，被称为猪的艾滋病，其中 PMWS 主要损伤免疫系统，引起免疫抑制。淋巴结和脾脏都

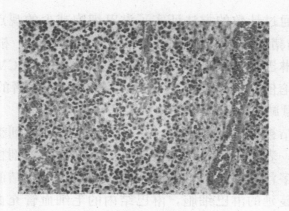

图 6-23 淋巴细胞毛细血管扩张充血，且血管周围
有淋巴细胞浸润（40×10）

是机体的外周免疫器官，是成熟的 T 细胞和 B 细胞栖居、增殖和对抗原刺激产生免疫应答的场所，这些器官富含捕捉和处理抗原的巨噬细胞和树突细胞。这些细胞能迅速捕获和处理抗原，并将处理后的抗原递呈给免疫活性细胞，主要是 T 细胞和 B 细胞。T 细胞和 B 细胞经骨髓分化发育成熟后，经血液循环分布到外周免疫器官。B 细胞主要分布在脾脏的脾小体、脾索和脾淋巴鞘外周及淋巴结的淋巴小结、髓索和消化道黏膜下的淋巴小结中；T 细胞主要分布在脾脏的中央动脉周围淋巴鞘内和淋巴结的副皮质区。B 细胞接受抗原刺激后，活化、增殖和分化，最终成为浆细胞，浆细胞产生特异性抗体，形成机体的体液免疫。成熟的 T 细胞在正常情况下是静止细胞，一旦被抗原刺激后活化增殖，最后分化成为效应性 T 细胞，具备细胞免疫功能，杀伤或清除异物。

本研究发现脾脏的脾小体结构不完整，被出血的红细胞所覆盖，脾小体内的 B 淋巴细胞减少及中央动脉周围淋巴鞘内的 T 淋巴细胞增多，淋巴小结的结构不明显，小结内的 B 淋巴细胞数量减少，且呈弥散性分布，副皮质区增宽，表明 T 淋巴细胞数目增多，据此我们认为 PCV-2 可能主要影响机体的细胞免疫。

目前，众多学者对 PMWS 的病原、流行病学、剖检变化、临床症状及其分子学方面进行了较为深刻的研究，但对免疫系统的病理组织学变化报道的很少。聂立欣（2006）等采用非特异性酯酶染色法和甲基绿-派洛宁染色法对患 PCV-2 猪的发病机制进行了分析并得出结论，PCV-2 可引起机体淋巴组织的淋巴细胞同时减少。Sarli（2001）等采用流式细胞仪通过计数的方法证实了淋巴细胞减少的观点。本试验着重研究 PMWS 病猪的淋巴结和脾脏的病理组织学变化，根据组织结构的病理变化说明淋巴细胞的增减状况，为进一步研究 PCV-2 的致病机理和预防提供理论依据。经观察，自然感染 PMWS 病猪的淋巴小结内的 B 淋巴细胞数量减少，T 淋巴细胞数目增多。

巨检淋巴结被膜出血并水肿，从显微镜下可观察到被膜内有淡粉红色的浆液渗出，表明出现了浆液性淋巴结炎，从而为剖检时观察到的淋巴结显著肿大多汁提供了理论依据。同时还发现淋巴结的小梁窦内充满了从淋巴小结蔓延的淋巴细胞，淋巴结内的毛细血管充血且周围有淋巴细胞，这表明猪感染 PCV-2 后，机体的免疫和吞噬能力增强，由此我们认为此时的病猪可能在患病初期，但随着病程的延长和患病猪的体质减弱，PCV-2 可引起机体的免疫抑制甚至衰竭死亡。此外，王汝都（2005）等人报道，淋巴结和肺部是 PCV-2 的主要靶器官。淋巴器官和淋巴结的主要变化为：淋巴滤泡缺失，肉芽肿性淋巴结炎，大量巨噬细胞和多核细胞浸润，其胞浆内分布大量典型的病毒包涵体，其中含有凋亡小体。这些包涵体呈圆形，均质地嗜碱性或两性染色。肺有轻度多灶性或高度的弥漫性间质性肺炎，肺泡隔显著肥厚，肺泡内有单核细胞、嗜中性粒细胞及嗜酸性粒细胞浸润，有时浸润细胞破坏了正常组织结构。部分肺的支气管、血管有淋巴细胞、组织细胞浸润，偶尔出现多核巨细胞，即淋巴结中浸润的巨噬细胞和多核细胞的胞浆内分布有大量典型的病毒包涵体，而本研究中感染 PCV-2 的猪可能是在患病早期，所以在淋巴结中还没有病毒包涵体的形成。

第七章

断奶仔猪多系统衰竭综合征外周血液免疫细胞变化规律的研究

研究表明，PMWS 在临床上以仔猪先天性震颤、断奶猪生长缓慢、呼吸急迫、消瘦、黄疸等为主要症状，成年猪一般为隐性感染，外周血液免疫细胞减少，但是，PMWS 外周血液免疫细胞变化规律的研究很少报道，本试验利用 T 淋巴细胞内含有非特异性酯酶与染色液成分的相互作用来检测 T 淋巴细胞 ANAE 百分率，以及利用瑞氏染色法计数各种白细胞所占的百分比，以此说明 PMWS 病猪外周血液免疫细胞变化规律，为研究 PMWS 的发病机理和预防治疗提供参考。

第一节　外周血液免疫细胞变化规律的研究材料与方法

一、试验材料

1. 实验动物

本研究所用的实验动物来自洛阳、三门峡周边县区送检疑似PMWS 病猪，年龄在 6～12 周龄，经 PCV-2 血清抗体检测（ELISA）确诊为阳性的病猪。

2. 试验试剂

诊断试剂为猪圆环病毒酶联免疫（ELISA）诊断试剂盒，购买自武汉科前动物制品有限公司，批号为 20060202；抗凝剂为 3.8％枸橼酸钠水溶液；固定液为福尔马林-丙酮缓冲液，置 4℃ 冰箱保存备用；副品红溶液为副品红 4g 加入 2mol/L 盐酸 100mol/L 溶解过滤；4％亚硝酸钠溶液为亚硝酸钠 1g，加蒸馏水至 25mL，临用当天配制；2％α-醋酸奈酯溶液为 α-醋酸奈酯 2g，加入乙二醇甲醚 100mL，放入有色试剂瓶中，置 4℃ 冰箱中保存备用；pH7.6 磷酸盐缓冲液为甲液 13mL（磷酸二氢钾 9.08g，加蒸馏水至 1000mL）和乙液 87mL（磷酸氢二钠 23.88g，加蒸馏水至 1000mL）混合后即成；1％甲基绿溶液为甲基绿 1g 于量瓶

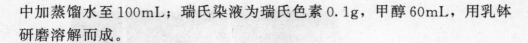

中加蒸馏水至 100mL；瑞氏染液为瑞氏色素 0.1g，甲醇 60mL，用乳钵研磨溶解而成。

3. 酯酶染色液的配制

吸取副品红溶液 3mL 于瓶中，再吸取 4％亚硝酸钠溶液 3mL，徐徐滴入副品红溶液中，使颜色由棕黄色变淡黄色，1min 后，徐徐加入 M/15 pH7.6 的磷酸盐缓冲液 89mL，用玻棒搅匀，再慢慢滴入加 2％α-醋酸奈酯溶液 2.5mL，边加边搅拌，使颜色由乳白色变为淡茄花色混浊样溶液，调 pH 至 5.8。

4. 器材

诊断器械：XD711 酶标分析仪，购于上海迅达医疗仪器公司；O-LYMPUS 显微镜、XS-显微镜。试验器材：载玻片、有色试剂瓶、容量瓶、量筒、烧杯、玻棒、移液管、染色缸、支架、瑞氏染液。

白细胞稀释液：3％的冰醋酸内加数滴结晶紫，血细胞计数板，血盖片，沙利（Sali）氏吸血管；白细胞分类计数器（中州 AC-6 型血细胞分类计算器，郑州市血球分类器厂）。

二、试验方法

1. 病例诊断及采血涂片从流

行病学、临床症状、病理变化、可以做出初步的诊断，然后再用猪圆环病毒酶联免疫（ELISA）诊断试剂盒诊断，诊断为阳性者，耳静脉采血（图 7-1）涂片干燥备用。

2. 病料处理

根据发病时间长短和临床症状分别采取 PMWS 病猪在发病早期、发病中期和衰竭期各为 5 例、5 例和 6 例的血样，全血涂片做酯酶染色。健康正常对照同龄仔猪 4 例，经 ELISA 检测均呈阴性；另取发病时日不等的 PMWS 病猪共 10 例血样，瑞氏染色处理。涂片方法：取无油脂的洁净载

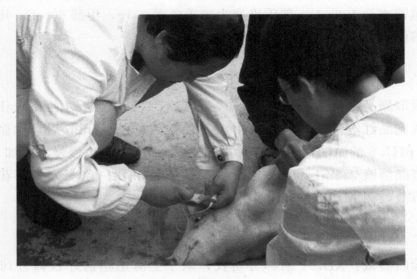

图 7-1　耳静脉采血

玻片数张，选择边缘光滑的载片作推片，右手持推片，用左手的拇指及中指夹持载片，接触并放于载玻片的右端，将推片倾斜 30°～40°，使其一端与载片接触并放于血滴之前，向后推动推片，使与血滴接触，待血液扩散形成一条线状之后，以均等的速度轻轻向前推动推片，则血液均匀地被涂于载片上而形成一薄膜。

3. ANAE⁺ T 细胞的检测

应用酯酶标记法（简称 ANAE 试验），测定动物的 T 细胞值。T 淋巴细胞内含有非特异性酯酶，能将染色液内的 α-醋酸奈酯水解，产生 α-萘酚和醋酸根离子，然后 α-萘酚与六偶氮副品红偶联，在 T 淋巴细胞酯酶存在的部位生成不溶性的褐红色的沉淀粒。

ANAE 反应操作法：PMWS 病猪心脏或耳缘静脉采血，作全血涂片、晾干，血片厚薄适宜。将血片浸于福尔马林-丙酮缓冲液中固定 1min，取出放自来水冲洗液 3min，再经蒸馏水洗后，干燥。将血片标本浸于酯酶染色液中，37℃浸染 1～3h，取出后流水冲洗，晾至半干。将血片标本浸于 1％甲基绿溶液中染色 1min，取出流水冲洗后，干燥。在油镜下观察，每片查 200 个淋巴细胞，计算出 T 淋巴细胞阳性率。

镜检时，淋巴细胞经 ANAE 染色后，胞核染成深绿色，胞质内可

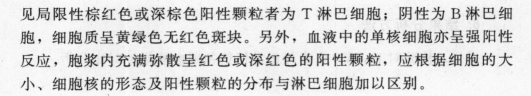

见局限性棕红色或深棕色阳性颗粒者为 T 淋巴细胞；阴性为 B 淋巴细胞，细胞质呈黄绿色无红色斑块。另外，血液中的单核细胞亦呈强阳性反应，胞浆内充满弥散呈红色或深红色的阳性颗粒，应根据细胞的大小、细胞核的形态及阳性颗粒的分布与淋巴细胞加以区别。

4. 瑞氏染色

将自然干燥的全血涂片用蜡笔于血膜之两端各划一条横线，以防染色液外溢，置血片于水平支架上，滴加染色液，并计其滴数，直至将血膜浸盖位置为止，固定 1min，加入等量蒸馏水（pH6.5），轻轻吹动使之均匀，染色 3～5min，用蒸馏水冲洗，吸干，油镜观察。

5. 白细胞计数及白细胞分类计数

一定量的血液用冰醋酸溶液稀释后，可将红细胞破坏，然后在细胞计数板的计数室内计数一定容积的白细胞数，以此推算出每微升血液内的白细胞数。此项检验需与白细胞分类计数相配合，才能正确分析与判断疾病。于小试管内加入白细胞稀释液 0.38mL 或 0.4mL。用沙利氏吸血管吸取血液至 $20mm^3$ 刻度处，擦去管外沾附的血液，吹入试管中，反复吸吹数次，以洗净管内的血液，充分振荡混合。用毛细吸管吸取被稀释的血液，沿计数板与盖玻片的边缘充入计数室内，静置 1～2min后，低倍镜观察。将计数室四角 4 个大方格内的全部白细胞依次数完，注意压在左线和上线的白细胞计算在内，压在右线和下线者不计算在内。

$$X/4 \times 20 \times 10 = 白细胞个数/mm^3$$

式中：X 为四角 4 个大方格内的白细胞总数（一个大方格面积为 $0.1mm^3$），$X/4$ 为 1 个大方格内的白细胞数；20 为稀释倍数；10 为血盖片与计数板的实际高度（即计数时的高度）是 1/10mm，乘 10 后则为 $1mm^3$。

上式简化后为：　$X \times 50 = 白细胞个数/mm^3$

白细胞分类计数：将已用瑞氏染色法染色的全血涂片，在油镜下观察，计数各种白细胞所占的百分比。根据各类白细胞着色特征予以分类计数，得出相对比值，以观察数量、形态和质量的变化。

6. 结果分析方法

采用 t 检验对 PMWS 病猪与正常仔猪各项血液指标对比分析。

第二节 外周血液免疫细胞变化规律的研究结果

一、临床观察结果

绝大多数猪只表现进行性消瘦，生长迟缓，采食量下降，被毛粗乱，精神差；猪只呼吸困难，喘气，呈腹式呼吸；出现贫血，皮肤苍白；浅表性腹股沟淋巴结肿大，个别猪皮肤和被毛发黄，全身性黄疸；猪只有腹泻症状。

二、PMWS 病猪外周血液 ANAE 阳性 T 细胞的检测结果

PMWS 病猪外周血液 ANAE$^+$ T 细胞的检测结果见图 7-2 至图 7-4和表 7-1。

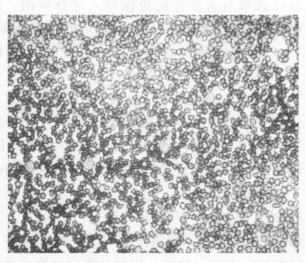

图 7-2　发病早期外周血液 ANAE$^+$ T 细胞

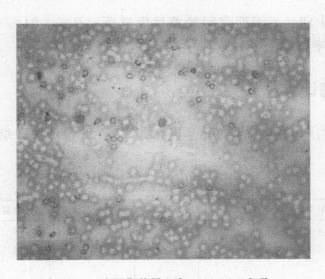

图 7-3　衰竭期外周血液 ANAE＋T 细胞

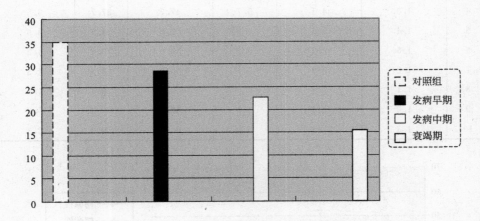

图 7-4　四组 T 淋巴细胞 ANAE 百分率检测比较

表 7-1　仔猪外周血 T 淋巴细胞 ANAE 百分率（X±S）

组别	例	百分率/%	P 值
对照组	4	5.00±2.08	
发病早期	5	28.60±2.03	＜0.01
发病中期	5	22.64±2.15	＜0.01
衰竭期	6	15.52±3.19	＜0.01

　　发病早期、发病中期及衰竭期 PMWS 病猪外周血 T 淋巴细胞 ANAE 百分率明显下降，与对照组相比较，差异极显著（$P<0.01$）。

发病早期、中期、衰竭期之间的差异极显著（$P<0.01$），T 淋巴细胞 ANAE 百分率明显下降。

三、白细胞计数及分类计数

外周血白细胞总数为 9400～11800 个/mL，但无统计学差异（表 7-2 和图 7-5）。

表 7-2　白细胞分类计数/%

编号	嗜碱性粒细胞	嗜酸性粒细胞	杆状核细胞	中性分叶细胞	淋巴细胞	单核细胞
正常值	1.4	4.0	4.5	40.0	48.0	2.1
1	1.2	3.8	4.8	41.4	46.2	2.6
2	1.3	3.7	4.6	42.6	45.0	2.8
3	1.5	4.0	4.9	45.0	41.4	3.2
4	1.3	4.1	5.7	47.7	37.7	3.5
5	1.4	3.5	4.8	52.0	34.7	3.6
6	1.5	4.2	4.8	53.9	30.4	4.2
7	1.2	3.9	5.6	56.5	28.5	4.3
8	1.1	3.4	5.5	59.0	26.1	4.9
9	1.0	3.4	4.7	62.5	22.2	5.2
10	1.3	3.3	5.5	64.6	20.0	5.3

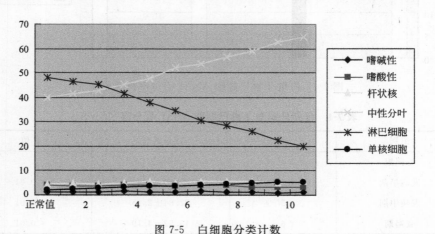

图 7-5　白细胞分类计数

从表 7-2 测定结果显示，杆状核细胞、中性分叶细胞百分比差异极显著（$P<0.01$）；淋巴细胞测定结果差异极显著（$P<0.01$）；单核细

胞测定结果差异显著（$P<0.05$）；嗜碱性粒细胞测定结果差异不显著（$P>0.05$）；结果显示，杆状核细胞、中性分叶细胞以及单核细胞明显增多，淋巴细胞明显减少，嗜酸性粒细胞和嗜碱性粒细胞变化不太明显。

第三节　分析与讨论

一、临床症状

猪只自发病早期开始，进行性消瘦，生长迟缓，呼吸困难，出现贫血，皮肤苍白；浅表性腹股沟淋巴结随病情恶化逐渐变大，个别猪全身性黄疸且有腹泻症状。不同猪只的临床症状有所不同，在一头病猪身上可能见不到上述所有的基本症状，但在发病猪群中可见到所有症状。对猪群的饲养管理及与其他疾病混合感染等，造成猪只病情的发展情况有所不同。一些病猪在经历了发病早期后，或在经历了发病中期后，常有转归现象，但存活猪往往生长发育不良。大多数学者认为，PMWS的发病机理主要与免疫系统有关，且有两种事实支持此观点：①病猪出现广泛性的淋巴病变。②PMWS与几种二次机会感染有关。对病猪急性期蛋白的分析表明，血清中的亲血细胞蛋白和促分裂原活化蛋白（MAP）含量也增加。猪的MAP和亲血细胞蛋白的增加可能与红细胞总数的增加和血红蛋白小体、血红铁含量的降低有关。研究表明病猪发生贫血是由于网状内皮组织发生慢性炎症引起，而网状内皮组织发生慢性炎症主要是由铁螯合物引起。据报道，患有PMWS的病猪，其组织和器官表现出不同程度的衰竭，主要表现为淋巴结病、肺萎缩不全或形成固化致密病灶、肺腹前驱实质化和胸腺萎缩，有时还出现肝萎缩和肾损伤。甚至有的病猪还出现幽门溃疡。但研究证明胃溃疡与PCV-2感染无关，但是导致猪体苍白的主要原因。另据报道有的病猪出现肠壁变薄，肠内充满液体等症状，尤其在回肠和结肠螺旋处。所以在有些病例中可见到呼吸困难、黄疸、腹泻等的不同临床症状。

二、猪外周血液 ANAE 阳性 T 细胞的检测

自 Mueller（1975）提出 ANAE 是 T 淋巴细胞的特征后，国内外学者对 ANAE 的染色方法、应用范围及生物学性能进行了广泛深入的研究。Lake（1997）用电子显微镜观察，认为 ANAE 是一种溶酶体酶，可能参与活化 T 淋巴细胞杀伤靶细胞的作用。而这种作用与机体的免疫防御、免疫监护以及排斥异体移植物的功能密切相关。淋巴细胞及其产物正是特异性免疫系统的成分，此抗原驱动系统在初次接触抗原后 2～3 周才可达到最适功能状态。由于免疫记忆，当第二次一接触同样的抗原机体特异性免疫应答系统能立即作出反应并迅速达到最佳状态。B 淋巴细胞、T 淋巴细胞增强对疾病的抵抗力增加的一个主要机制是通过激活非特异性免疫机制（吞噬细胞、自然杀伤细胞及补体），使之更加有效。淋巴细胞肩负着细胞免疫功能，其中包括 Th 细胞的辅助功能、Tc 细胞的直接杀伤功能、释放细胞因子诱导激活周围细胞和组织发挥免疫效应的迟发性超敏反应及免疫调节功能。辅助性 T 细胞能够增强和扩大体液免疫应答反应。

Tischer（1987）等研究发现，仅在 5％或更少不同类型的细胞核中发现 PCV-2，并且刚出生的仔猪人工感染后，在其 T 淋巴细胞中也发现 PCV-2。PCV-2 感染猪后，首先诱导淋巴细胞减少，特别是在感染初期，B 细胞和记忆性激活 T 细胞最容易受影响，随时间推移导致 B 细胞和 T 细胞同时崩溃，并引发 PMWS 症状出现。SarliG 等排除细菌、病毒和支原体等病原的影响，使用了抗 anti-CD3、anti-CD4 和 anti-CD8 的 3 种标记物，并在区别于典型猪瘟引起的粒细胞减少的条件下，发现有 PMWS 症状的猪体也表现明显的粒细胞减少，进一步证明 PCV-2 感染可引起淋巴细胞的减少的事实。同时发现只有在淋巴细胞严重减少时，PMWS 症状才明显，B 淋巴细胞的减少是 PMWS 出现的早期特征，而 T 细胞亚群的分布在症状典型和不典型病例之间差别很明显。自然或人工感染 PCV-2 的一般仔猪，其外周血中的淋巴细胞亚群比例发生变化。

经试验测定，各发病期 PMWS 猪外周血 T 淋巴细胞 ANAE 百分率明显低于健康对照组仔猪，而在发病期间 T 淋巴细胞 ANAE 百分率

在发病早期、发病中期与衰竭期逐渐下降。研究证明，组织中病毒抗原的量或病毒遗传物质的量与淋巴细胞的数量急剧下降有关，而淋巴细胞减少程度与感染阶段有关。因此，随着感染程度的深入，淋巴滤泡区的淋巴细胞也随之不断减少。在感染的初期和中期，病猪的单核吞噬细胞数量增加。这是由于淋巴结滤泡间质区的淋巴细胞减少和巨噬细胞系细胞浸润造成。而在感染晚期，B淋巴细胞和T淋巴细胞亚群数量、巨噬细胞系细胞和毛细血管后微静脉的表达量减少。此外，存在于类似淋巴髓质的组织中的单核细胞-巨噬细胞-颗粒细胞数量则增加。如果毛细血管后微静脉的表达量减少，那么淋巴结中的淋巴细胞也随之减少。

三、仔猪外周血白细胞计数及白细胞分类计数

有研究发现患有PMWS的病猪，其血象发生显著变化。对衰竭的病猪，其淋巴细胞数量显著减少（特别是$CD8^+$和B细胞亚群），而单核细胞和嗜中性白细胞则显著增加，且两者之间的比率发生倒置，但白细胞总数不发生改变。

试验反映出，与对照组相比较，患病猪血液中淋巴细胞明显减少，平均减少14.78％，中性粒细胞明显增多。其中，杆状核细胞平均增多0.69％，中性分叶细胞平均增多12.52％，同时，单核细胞也明显增多（平均增多1.86％）。淋巴细胞是机体细胞免疫和体液免疫的基础细胞。中性粒细胞在抗感染中起重要的防御作用，可引起感染部位的炎症反应并参与变态反应，从而引起免疫病理损害。单核细胞有变形运动和吞噬能力，可渗出血管变成巨噬细胞，在体内发挥防御作用。单核细胞作为组织器官中巨噬细胞前身，其含量增高必将影响相应细胞因子的含量，从而发挥对机体免疫的调节作用。测定结果表明感染的猪在一定程度上影响机体的细胞免疫和体液免疫、损害免疫组织器官、影响免疫细胞活性、干扰抗原的递呈、抑制或阻断免疫抗体的形成等途径而导致机体抗病能力下降或免疫应答不完全，造成低致病力的病原体或弱毒疫苗也可能造成感染发病。根据病理学、免疫组织学和流式细胞术研究，PMWS病猪确实存在免疫抑制。据报道，有几种参与免疫应答的细胞对PCV-2易感：T淋巴细胞、B淋巴细胞和单核巨噬细胞（Kiupel等，1999）。淋巴细胞缺失和淋巴组织的巨噬细胞浸润，是PMWS病猪的独

特性病理损害和基本特征，而且此特征与血液循环中 B、T 细胞减少和淋巴器官中这类细胞的减少呈高度相关；与周围血液和淋巴组织中的巨噬细胞/单核细胞谱系细胞的增加呈高度相关。虽然有一定比例的感染 PMWS 猪出现短暂的淋巴细胞减少，但淋巴细胞减少症加重或时间变长并不是 PMWS 的一般特征。另外，一些学者已证实，淋巴组织、相关免疫细胞和血液中的细胞存在大量的 PCV-2 抗原。

对于仔猪，PCV-2 通常在单核细胞/巨噬细胞系和其他抗原呈递细胞的胞浆中被发现（例如枯否氏细胞和树突状细胞），并且在这些细胞的胞核内也发现了病毒。因此，一些学者认为，巨噬细胞的吞噬特性应是造成胞浆中出现 PCV-2 的主要原因，并认为单核细胞/巨噬细胞系并不是有利于 PCV-2 复制的主要细胞。血液和组织中参与免疫应答的细胞类群发生改变，提示患病猪至少在短期内不能引起组织有效的免疫应答反应。典型病例中性粒细胞占 60%～70%，而淋巴细胞占 40% 以下，这与理论分布恰好相反。由此可见，PCV-2 感染猪导致的免疫缺陷主要表现在外周血液中的 B 细胞和 T 细胞减少。在 PMWS 病猪的外周血液中，循环的单核-巨噬细胞增多，而 B 细胞和 T 细胞减少。感染初期，由于 PCV-2 感染猪后不能有效地触发免疫应答，所以淋巴细胞的耗竭主要是由于淋巴细胞增殖活性的降低，缺乏由活性淋巴细胞产生的刺激淋巴结生长的细胞因子所引起的。细胞的增殖是在淋巴细胞被激活和细胞因子产生后才发生的。机体对 PCV-2 的免疫应答在感染初期和出现症状后有所不同，巨噬细胞激活（免疫刺激）是产生 PMWS 症状的触发因子，而免疫抑制是严重感染的结果。另外，有学者研究，从被诊断为猪繁殖和呼吸障碍综合征或猪伪狂犬病的病猪体内，分离到 PCV-2 的事实表明，PCV-2 可能和这些病毒（PRRSV、PRV、PPV）之间存在协同作用，使得这些病毒利用了它的破坏性，从而导致免疫抑制和组织机能障碍。

无论猪处于免疫状态中还是在病中，PCV-2 本身就能改变外周血单核细胞的细胞因子反应（Darwich 等，2003）。这更加说明了从源头追踪 PCV-2 的难度，因为即使不是所有猪在其生产年限中都受到侵害，但大多数猪还是都受到了侵害，可是只有少数的猪才真正发展成 PMWS。对淋巴组织的研究发现，血液和外周血单核细胞是主要参与 PCV-2 引起 PMWS 的组织和细胞。

四、结论

　　PMWS病猪在临床上主要表现渐进性消瘦、腹股沟淋巴结肿大、生长发育不良、多系统衰竭的综合病症；病猪外周血 T 淋巴细胞 ANAE 百分率的检测表明。在发病早期、发病中期及衰竭期 PMWS 病猪外周血 T 淋巴细胞 ANAE 百分率明显下降，与对照组相比较，差异极显著（$P<$ 0.01）。发病早期、中期、衰竭期之间的差异极显著（$P<0.01$），T 淋巴细胞 ANAE 百分率明显下降。病猪出现免疫抑制的现象；随病情恶化的加重，外周血淋巴细胞数量显著减少（平均减少 14.78%），而单核细胞和嗜中性粒细胞则显著增加（单核细胞平均增多 1.86%，杆状核细胞平均增多 0.69%，中性分叶细胞平均增多 12.52%），且两者之间的比例发生倒置。

第八章

中药超微粉的研制及预防断奶仔猪多系统衰竭综合征研究

近年来，随着动物营养和饲料工业的发展，各种兽药和饲料添加剂广泛应用，使得我国养猪业出现了许多难以解决的问题，如肉品品质、风味急剧下降。作为饲料添加剂使用的兽药、抗生素、生长促进剂等化学制品或生物制品易在动物产品中产生有害残留，严重危及人类尤其是儿童的身体健康；使用抗生素、生长促进剂等可以加快畜禽的生长速度，但各种疾病疫病仍层出不穷，如断奶仔猪多系统衰竭综合征（PMWS）、猪繁殖与呼吸障碍综合征（PRRS）、猪瘟等，而且无传统意义上的典型症状。随着全球范围内"回归自然"浪潮的涌起和人民生活水平的不断提高，人们越来越重视动物源性食品的安全和卫生。世界卫生组织（WHO）已经正式提出抗生素不可用于除人类以外的领域，欧美一些发达国家已经禁止在饲料中使用或限用抗生素。为避免在国际贸易中发生纠纷，我国对此也开始高度重视，相应出台了一些政策和法规。

目前世界各国逐渐将目光转向一些天然的饲料添加剂，并且一致认为中草药饲料添加剂是解决以上问题的最好办法。中草药饲料添加剂是以天然中草药的物性、物味、物间关系的传统理论为主导，辅以饲养和饲料工业等学科理论技术而制成的纯天然饲料添加剂。某些中草药中含有丰富的氨基酸、维生素、矿物质及未知生长因子，具有促进机体新陈代谢、消化吸收、生长发育和催肥增重等效果。中草药与一般的抗生素和化学合成药物相比，具有资源丰富、天然低毒、无耐药性、有利于环境保护的优点，并且可以促进畜禽生长、提高饲料转化率、抗菌驱虫、抗病毒、增强免疫力、预防疾病、提高繁殖力、减小应激，还可以增加动物的耐受力、提高肉品品质、改善肉品风味、促进泌乳和改善乳的品质。

目前，饲料添加剂的研究和开发虽已取得了一定的进展，且在提高畜禽生产性能和疾病控制等方面取得了一定的效果，但随着对中草药饲料添加剂研究的深入，发现仍然存在着一些问题：①有效成分的控制较难，中草药成分复杂，往往是各种成分综合起作用，并且在中药采收和使用上受季节、地区的限制，中药本身的有效成分相差很大，因而对其产品难以进行准确的药效评价和质量控制；②科技含量低，传统应用多为草药直接粉碎，添加量大，作用效果不稳定。单胃动物对粗纤维的消化能力有限，而中草药多为植物的茎、根、皮，粗纤维含量很高，有效成分包含于植物中，而细胞壁也多为粗纤维构成，单胃动物多不能破坏细胞壁，有效成分就不能很好地发挥，因此产品科技含量不高制约着它向更高层次的发展；③对中草药饲料添加剂机理的研究大多仍沿用传统的中医理论，并且一般只限于畜禽效果方面的研究，而缺乏判定效果的客观指标，没有深入到中草药添加剂有效成分的作用机理，难以形成普遍认可的产品；④现在对中草药的研究还不是很透彻，药物配伍还处于摸索阶段。在近年的中药复方配伍中，不仅按照"君臣佐使、加减化裁、配伍禁忌"等理论和法则，有时也参照现代药物化学、药理学、毒理学、药剂学等方面的知识。

由于复方中草药的功效非常复杂，对动物有多方面的作用，添加量也就很难精确控制。因此，应该在中国传统中药理论的指导下，筛选优秀的配方，采用先进的超微粉碎技术，将中药破壁，使有效成分析出，制成适合动物生产应用的剂型。本试验的方法是选用紫河车、黄芪、白术、苍术、板蓝根等药物，对各种中药进行超微粉碎，按不同的比例组合成超微粉饲料添加剂，添加到断奶仔猪饲料中，观察其预防断奶仔猪多系统衰竭综合征的效果及对仔猪生产性能和免疫功能的影响，旨在探讨中药预防疾病、促进生长和提高机体抗病力的作用机理，为预防控制断奶仔猪多系统衰竭综合征的发生和中药超微粉饲料添加剂的临床推广应用提供科学依据。

第一节　试验材料与方法

一、试验材料

1. 中药

紫河车（人胎盘）、黄芪、麸炒白术、炒苍术、板蓝根：购自洛阳市医药公司。牛胎盘：自洛阳巨尔乳业公司奶牛场收集足月正常分娩牛胎盘，除去羊膜及脐带，反复冲洗，去净血液，至沸水中略煮后，切碎烘干研面备用。

2. 实验动物

使用洛阳市精达种猪场（在前期调查时发现，该猪场存在 PMWS）饲养的出生时间相近的 100 头 10kg 左右的"杜长大"三元杂交断奶仔猪作为试验猪（图 8-1，图 8-2），根据体重相近、公母各半的原则将其分为对照组（不加药）、试验Ⅰ组（加 0.5％中草药超微粉 1）、试验Ⅱ

图 8-1　试验用猪 1

图 8-2　试验用猪 2

组（加 0.5％中草药超微粉 2）、试验Ⅲ组（加 0.5％中草药 1）、试验Ⅳ组（加 0.5％中草药 2），每组 20 头。日喂猪 4 次，采用干拌料，自由饮水。预试期 7d，预试期间对试验猪进行驱虫及防疫。正试期 25d，正试期间记录每日采食量和猪群的情况，对患病仔猪给予一定的治疗。预试结束后，于早晨空腹称重，每组随机选 4 头仔猪，耳静脉采血 4mL备用。

3. 供饲日粮

参照我国断奶仔猪的饲养标准，按照营养需要配制成全价日粮，配方及主要营养指标见表 8-1。

表 8-1 试验基础日粮配方及其营养水平

原料	百分率/%	营养水平	百分率/%
玉米	58.78	消化能 DE	13.81MJ/kg
豆粕	30.82	粗蛋白 CP	20.74
鱼粉(进口)	3.00	可消化赖氨酸 DLys	0.98
石粉	0.86	可消化蛋氨酸 DMet	0.31
磷酸氢钙	1.16	可消化蛋胱氨酸 DM+DC	0.57
食盐	0.21	钙 Ca	1.2
预混料	1.00	总磷 TP	0.53
小麦麸	3.00	有效磷 AP	0.39
总计	100	食盐 Salt	0.28

注：1. 表中粗蛋白、钙、总磷为实测值，其余均为计算值。

2. 1％预混料为每千克全价饲料提供 Cu 250mg、Fe 130mg、Zn 130mg、Mn 60mg、Se 0.3mg、I 0.4mg、维生素 A 8000 IU、维生素 D 1800 IU、维生素 E 30 IU、维生素 K_3 3.56mg、维生素 B_1 1.8mg、维生素 B_2 6mg、维生素 B_6 1.26mg、维生素 B_{12} 0.02mg、叶酸 0.3mg、生物素 0.44mg、烟酸 32mg、D-泛酸钙 15mg、胆碱 500mg。

4. 试验药品

淋巴细胞分离液，购自天津灏洋生物制品科技有限公司，批号为20070602；HB 型无氰溶血素，南京普朗医用设备有限公司生产，批号为 N6007；HB 型含酶清洗液，南京普朗医用设备有限公司生产，批号为 AC707；HB 型稀释液，南京普朗医用设备有限公司生产，批号为 A7011。

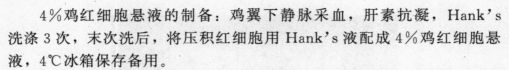

4％鸡红细胞悬液的制备：鸡翼下静脉采血，肝素抗凝，Hank's洗涤3次，末次洗后，将压积红细胞用Hank's液配成4％鸡红细胞悬液，4℃冰箱保存备用。

抗鸡红细胞抗体的制备：选3kg以上的健康家兔，用Hank's液洗过的压积鸡红细胞进行免疫，每日背部皮下注射1次，连续5天，注射量分别为0.5mL、1.0mL、1.5mL、2.0mL、2.5mL；然后改用静脉注射50％压积红细胞悬液1mL，一日一次，连注3天。末次注射后7天采血，测定红细胞的凝集效价，以出现"凝集"的最高抗血清稀释度判定为血凝效价。效价达1∶2000以上者为合格。应用时采用凝集价的1/2（亚凝集价）作为抗血清的稀释度（即1∶4000）。

抗体致敏的鸡红细胞悬液：4％鸡红细胞悬液5mL，加入同体积该凝集滴度的抗鸡红细胞抗体，混匀，于室温下作用30min，以Hank's洗涤2次，至悬于5mL Hank's液中备用。

猪外周血淋巴细胞的分离：取新鲜抗凝血1mL，与Hank's液1∶1混匀后，小心加于1mL的细胞分离液之液面上，以1500转/min离心15min，此时离心管中由上至下细胞分四层，第二层为环状乳白色淋巴细胞层，收集，洗2次即得所需淋巴细胞。

5. 仪器

XF9080动物血液细胞分析仪：南京普朗医用设备有限公司。离心机：TGL-16C台式高速离心机。

二、试验方法

1. 中药超微粉制备

中药超微粉1：紫河车0.3kg、炒苍术1kg、麸炒白术1kg、黄芪1kg、板蓝根1kg。

中药超微粉2：牛胎盘0.3kg、炒苍术1kg、麸炒白术1kg、黄芪1kg、板蓝根1kg。将上述中药按比例配好，用一般粉碎机粉碎后过60目筛，各留一部分（中草药1和中草药2）后，再用超微粉碎机粉碎（图8-3、图8-4），铝箔袋包装备用。

图8-3　试验用中草药1

图8-4　试验用中草药2

2. 仔猪血液细胞分析

（1）血液预稀释　取两只样杯A和B，各加10mL稀释液，抽取动物抗凝血20μL，加入A杯并摇晃混匀。从A杯中取100μL完全注入B杯，并将其摇晃均匀，然后将托盘上装有稀释液的样杯取下，放上B杯血样。

（2）测量红细胞　按选择键选择所化验动物的种类（猪），然后按测量键，待仪器发出"嘀"一声响后表示红细胞测量结束。

（3）测量白细胞　然后往A杯中加入3～5滴溶血素并充分摇晃混

匀，等待 10s 后，将 B 杯取下换上 A 杯，按测量键，待仪器再次发出"嘀"一声响后，仪器显示测量结果。

（4）打印结果　取下 A 杯换上装有稀释液的样杯，此次测量结束。注意：稀释后的血样需在 10min 内测量。

3. 外周血 B 淋巴细胞 EA-玫瑰花环检测

取 0.1mL 淋巴细胞，加致敏鸡红细胞 0.1mL 混匀，室温下作用 10min，以 1000r/min 离心 5min，使细胞重悬浮，取一滴置玻片上，轻轻推开，干燥，瑞氏染色，高倍镜下计数 200 个淋巴细胞中玫瑰花环形成细胞，凡淋巴细胞结合三个以上鸡红细胞者为 EA-玫瑰花环形成细胞阳性。

4. 外周血 T 淋巴细胞酯酶染色检测

吸取新鲜猪外周血中分离制备的淋巴细胞液一滴，滴于在玻片上，推成血片干燥，按照有关资料介绍的方法染色、镜检、计数、数码照相。

第二节　试验结果

一、中药超微粉对断奶仔猪生产性能及预防 PMWS 的效果

中药超微粉对断奶仔猪生产性能及预防 PMWS 的效果详见表 8-2。

表 8-2　中药超微粉预防 PMWS 效果及对断奶仔猪生长性能的影响

检测项目	超微Ⅰ组	超微Ⅱ组	中草药 1	中草药 2	对照组
始重/kg	10.85±0.55[a]	10.45±0.45[a]	10.65±0.45[a]	10.55±0.45[a]	10.48±0.75[a]
末重/kg	19.38±0.79[c]	18.65±0.67[c]	17.65±0.67[b]	17.35±0.57[b]	15.55±1.02[a]
日采食量/(g/d)	723±97.68[c]	702±76.55[c]	689±76.65[b]	684±76.55[b]	638±53.22[a]
日增重/(g/d)	374.23±56.1[c]	365.36±49.8[c]	305.36±49.8[b]	302.36±47.8[b]	228.27±31.6[a]
料重比/(g/g)	1.93[a]	1.92[a]	2.2[b]	2.32[b]	2.8[c]
腹泻率/%	7.8[a]	8.2[a]	15.2[b]	16.52[b]	32[c]

检测项目	超微Ⅰ组	超微Ⅱ组	中草药1	中草药2	对照组
死亡率/%	0	0	0	0	3.3
发病率/%	5[a]	5[a]	10[a]	10[a]	40[c]

注：腹泻率＝腹泻日头数总和/(猪头数×试验天数)×100%；PMWS发病判断标准以第二章临床症状为准；同行数据标相同字母表示差异不显著（$p>0.05$），标相邻不同字母表示差异显著（$p<0.05$），标相间不同字母表示差异极显著（$p<0.01$）；下同。

从表 8-2 可以看出，超微粉Ⅰ组和超微粉Ⅱ组的 PMWS 发病率仅为 5%，比对照组 40% 下降 35%，差异极显著，比中草药 1 组和 2 组 10% 下降 5%，差异显著。其中，对照组有一头猪腹泻、衰竭死亡，而超微粉 Ⅰ组和超微粉Ⅱ组相比差异不显著；腹泻率分别为 7.8% 和 8.2%，比对照组 32% 下降 24.2% 和 23.8%，差异极显著，与中草药 1 组和 2 组相比，差异显著，而超微粉Ⅰ组和超微粉Ⅱ组相比差异不显著；平均日增重 (374.23±56.1)g 和 (365.36±49.8)g 与对照组 (228.27±31.6)g 相比，差异极显著，与中草药 1 组和 2 组相比，差异显著；超微粉Ⅰ组、超微粉Ⅱ组料重比分别为 1.93 和 1.92，与对照组 2.8 相比，差异极显著。

二、中药超微粉对断奶仔猪血液细胞的影响

经测定中药超微粉对断奶仔猪血液细胞的影响有差异，详见表 8-3。

表 8-3　中药超微粉对断奶仔猪血液细胞的影响

检测项目	超微Ⅰ组	超微Ⅱ组	中草药1	中草药2	对照组
白细胞总数/L	15.23×10^9	$15.94\times10^{9\,c}$	$10.23\times10^{9\,b}$	$9.93\times10^{9\,b}$	$7.96\times10^{9\,a}$
淋巴细胞百分比/%	95.1	95	93.2	92.91	92.35
中间细胞百分比/%	1.6	1.3	1.4	1.36	1.25
粒细胞百分比/%	3.3^a	3.7^a	4.7^b	5.7^b	6.4^c
淋巴细胞数/L	14.48×10^9	$15.14\times10^{9\,c}$	$9.53\times10^{9\,b}$	$9.23\times10^{9\,b}$	$7.35\times10^{9\,a}$
中间细胞数/L	0.24×10^9	$0.21\times10^{9\,c}$	0.14×10^9	0.135×10^9	$0.1\times10^{9\,a}$
中性细胞数/L	0.5×10^9	0.59×10^9	0.56×10^9	0.52×10^9	0.51×10^9
红细胞总数/L	7.84×10^{12}	7.61×10^{12}	7.11×10^{12}	6.61×10^{12}	6.22×10^{12}
红细胞平均体积/fL	54	53	52	53	53
红细胞压积/(L/L)	0.42	0.38	0.34	0.34	0.33
红细胞分布宽度	4.3^b	3.9^a	3.85^a	3.83^a	3.8^a

注：与对照组相比，字母相同表示差异不显著；字母相邻，表示差异显著；字母相间，表示差异极显著。

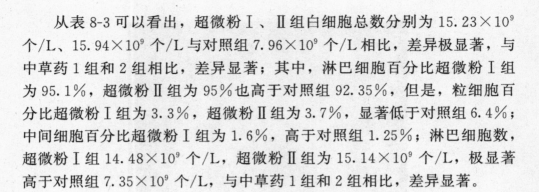

从表 8-3 可以看出，超微粉Ⅰ、Ⅱ组白细胞总数分别为 $15.23×10^9$ 个/L、$15.94×10^9$ 个/L 与对照组 $7.96×10^9$ 个/L 相比，差异极显著，与中草药 1 组和 2 组相比，差异显著；其中，淋巴细胞百分比超微粉Ⅰ组为 95.1%，超微粉Ⅱ组为 95% 也高于对照组 92.35%，但是，粒细胞百分比超微粉Ⅰ组为 3.3%，超微粉Ⅱ组为 3.7%，显著低于对照组 6.4%；中间细胞百分比超微粉Ⅰ组为 1.6%，高于对照组 1.25%；淋巴细胞数，超微粉Ⅰ组 $14.48×10^9$ 个/L，超微粉Ⅱ组为 $15.14×10^9$ 个/L，极显著高于对照组 $7.35×10^9$ 个/L，与中草药 1 组和 2 组相比，差异显著。

三、中药超微粉对断奶仔猪外周血 B 淋巴细胞 EA-玫瑰花环形成的影响

经测定，中药超微粉对断奶仔猪外周血 B 淋巴细胞 EA-玫瑰花环的形成是有影响的，具体见表 8-4 和图 8-5。

表 8-4　中药超微粉对仔猪外周血 B 淋巴细胞 EA-玫瑰花环的影响

组别	EA—玫瑰花环形成率/%
超微Ⅰ组	$19.8±2.23^c$
超微Ⅱ组	$18.9±1.32^c$
中草药 1 组	$16.9±1.32^b$
中草药 2 组	$16.81±1.42^b$
对照组	$14.1±0.9^a$

注：与对照组相比，字母相同，表示差异不显著；字母相邻，表示差异显著；字母相间，表示差异极显著。

从表 8-4 可以看出，超微粉Ⅰ组、Ⅱ组 B 淋巴细胞 EA-玫瑰花环形成率高于对照组，差异极显著。与中草药 1 组和中草药 2 组相比，差异显著。

四、中药超微粉对断奶仔猪外周血 T 淋巴细胞酯酶染色的影响

中药超微粉对断奶仔猪外周血 T 淋巴细胞酯酶染色的影响结果见表 8-5 和图 8-6。

从表 8-5 可以看出，超微粉Ⅰ组、Ⅱ组 T 淋巴细胞 ANAE$^+$ 率明显高于对照组，差异极显著。与中草药 1 组和中草药 2 组相比，差异显著。

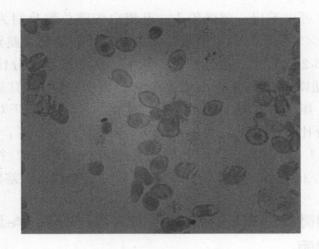

图 8-5　B 淋巴细胞 EA-玫瑰花环（100×10 倍）

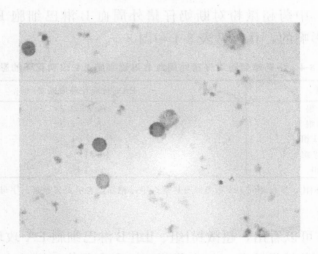

图 8-6　T 淋巴细胞 ANAE 阳性（100×10 倍）

表 8-5　中药超微粉对仔猪外周血 T 淋巴细胞 ANAE 的影响

组别	淋巴细胞 ANAE$^+$/%
超微 Ⅰ 组	40.15±2.51^c
超微 Ⅱ 组	39.87±2.68^c
中草药 1 组	35.87±2.68^b
中草药 2 组	35.89±2.98^b
对照组	31.35±2.08^a

第三节　讨论

一、关于仔猪免疫力及中药超微粉预防 PMWS

在养猪生产中，最主要的问题就是高死亡率，特别是在新生仔猪和断奶仔猪，PMWS 就是近年来流行的疫病之一。仔猪是稚阴稚阳之体，从出生到哺乳阶段的前 21 天，机体主要靠由母乳获得的被动免疫来保护，随着仔猪吮吸母乳高峰的到来（3～4 周龄），仔猪由母乳获得的被动免疫力逐渐减弱，而此时仔猪的主动免疫功能还尚未完善，功能低下、早期断奶会引起仔猪消化吸收受抑和机体免疫力显著降低，造成其对病原微生物易感性升高、体增重速度下降、生长发育迟缓、发病率和死亡率升高。目前用于控制病原微生物感染的主要措施是疫苗免疫接种和抗菌药物预防。弱毒疫苗存在散毒现象，而抗生素作为动物性饲料添加剂，在减少和控制动物细菌病的发生、促进动物生长的同时，也带来了诸多问题（如耐药性、兽药残留、畜产品安全、环境污染等）。为了减少这些问题的发生，确保动物健康，一些措施被考虑（如加强生物安全体系建设，为动物提供相对卫生干净、适宜的饲养环境，同时确保动物福利等）。近几年的研究表明，应用中草药免疫增强剂或动物、植物及微生物提取的生物性免疫调节剂对动物免疫机能进行调节被认为是一种很有效的方法，通过这种方法可以增强动物的非特异性抵抗力和抗应激的能力、降低动物对疾病的易感性。

PCV 感染虽然可导致免疫、呼吸、泌尿、消化等多系统的病变，但是其中对机体影响最大、占主导地位的是对免疫系统的损伤，免疫机能低下也是混合感染其他病原体的关键。广东养宝生物制药有限公司生产的五环散，按照中兽医"上工治未病"的防治原则，其中药精华由精选数种地道中药，根据扶正祛邪、清热解毒、活血祛瘀、醒脾健胃的原则组成，数年的临床使用，具有很强的扶正作用，可全面升高机体的免疫功能，抵抗多种病毒和细菌的攻击，有确切的广谱抗病毒和抗菌作用，并强化机体免疫功能。但是，未见报道预防 PMWS 的文章，从本研究结果上看超微粉Ⅰ组和超微粉Ⅱ组的 PMWS 发病率仅为 9.2％和 10.1％，比对照组 38.2％分别下降 29％和 28.1％，差异极显著，其中，对照组有一头猪腹泻、衰竭死亡，而试验组没有死亡，说明中药超微粉确有预防 PMWS 的作用。

二、关于促进仔猪生长性能的分析

判定仔猪生长性能的指标一般为日增重、料重比、腹泻率，马玉芳 (2006) 等选用鱼腥草、茯苓、黄芩、金银花等中药组成配方，经提取加工精制成饲料添加剂，全程饲喂 53 天，能有效防止保育阶段的仔猪发生腹泻，改善生产性能。江和基 (2006) 等在饲料中添加精制玉屏风散，可有效促进仔猪的日增重、降低料重比、减少腹泻率。许多研究表明，中草药含有多糖类、有机酸类、生物碱类、苷类和挥发油类等，这些物质在猪体内通过全面调整和充分发挥猪本身具有的自然抗病力和适应力，起到防病、治病的作用。从本试验结果可以看出，超微粉Ⅰ组和超微粉Ⅱ组的平均日增重与对照组相比，差异极显著，但是仔细分析可知，超微粉Ⅰ组和超微粉Ⅱ组的平均日增重仅为 (374.23±56.1)g 和 (365.36±49.8)g，一般正常仔猪的平均日增重为 360～600g，况且对照组日增重仅为 (228.27±31.6)g，说明对照组增重缓慢，甚至有些仔猪腹泻、渐进性消瘦。中药超微粉没有促进仔猪生长的功能，但能提高机体免疫力，可有效控制断奶仔猪多系统衰竭综合征。

三、关于中药超微粉对断奶仔猪血液细胞的影响

白细胞对机体具有防御和保护的作用。当细菌从外界侵入体内引起局部组织发生炎症反应时，血中的嗜中性白细胞能做变性运动，随时改变形态，通过毛细血管内皮细胞间隙游到组织中去，把侵入的细菌包围起来将其吞噬，然后被白细胞颗粒和溶酶体释放的蛋白水解酶所分解消化。淋巴细胞在机体免疫过程中起着重要作用，最初从动物试验中发现，当动物经过放射线照射后以致对外来抗原（细菌或其毒素）的抵抗力显著减弱时，如果给它输入正常动物的淋巴细胞，则可以重新获得免疫力。从本试验结果上看，超微粉Ⅰ组和超微粉Ⅱ组的白细胞总数和淋

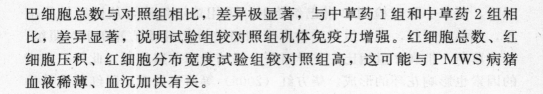

巴细胞总数与对照组相比，差异极显著，与中草药1组和中草药2组相比，差异显著，说明试验组较对照组机体免疫力增强。红细胞总数、红细胞压积、红细胞分布宽度试验组较对照组高，这可能与 PMWS 病猪血液稀薄、血沉加快有关。

四、关于仔猪外周血 ANAE T 淋巴细胞变化

T 淋巴细胞，即胸腺依赖淋巴细胞（thymus dependent lymphocyte），在胸腺内发育分化成熟，是淋巴细胞中数量最多、功能最复杂的一类，参与细胞免疫。自 1975 年 Mueller 提出，酸性-醋酸萘酯酶（ANAE）是 T 淋巴细胞的特征，其在 B 淋巴细胞转为阴性后，国内外学者对 ANAE 的染色方法、应用范围及生物学性能进行了广泛深入的研究。大量资料表明，一些中草药及复方制剂能够明显提高机体 T 淋巴细胞的数量，有助于免疫调节作用的发挥。戴远威（1997）等分别在雏鸡日粮中添加何首乌、补骨脂，结果试鸡血液中 T 淋巴细胞百分率显著或极显著升高。王超英（1999）等将黄芪等 10 种天然药物加工成粉末，按 $20\sim30g/kg$ 添加到饲料中饲喂雏鸡，在用药后第 3、5、7、10 周检测 T 淋巴细胞 E 花环形成率、B 淋巴细胞花环形成率等，结果显示，大多数中药试验组上述指标值较对照组显著或极显著增加。胡庭俊（1996）等在使用禽霍乱疫苗进行免疫时，配合使用 8301 多糖肌注试验鸡，结果与单用禽霍乱疫苗免疫鸡相比，多糖能显著提高鸡外周血淋巴细胞转化率，与正常淋巴转化率比较差异极显著，表明 8301 多糖能增强鸡的细胞免疫功能，提高禽霍乱疫苗免疫力。本试验表明，中药超微粉 II 组仔猪外周血 ANAE T 淋巴细胞阳性率明显高于对照组，与所含黄芪有关。

五、关于对断奶仔猪外周血 B 淋巴细胞 EA-玫瑰花环形成的影响

B 淋巴细胞表面没有红细胞受体，但具有免疫球蛋白 Fc 受体，以抗红细胞抗体（A）搭桥，将红细胞（E）连接于 B 细胞表面，形成 EA-玫瑰花环。绵羊红细胞易与 T 淋巴细胞形成 E-玫瑰花环，易造成

混淆，所以一般在检测 B 淋巴细胞时，采用鸡红细胞，从试验结果上看，此办法可行，试验组超微粉Ⅰ组和超微粉Ⅱ组极显著高于对照组，与中草药 1 组和 2 组相比，差异显著，但结合率普遍较低。此外，疾病的因素也影响花环的形成。柴方红（2005）等研究发现，附红细胞体病仔猪的 Ea 花环率、EAC 花环率均明显低于健康仔猪。

六、关于中药超微粉及其组方

超微粉碎技术是近年来国际上发展非常迅速的一项新技术，超细粉体是其最终产品，它具有一般颗粒所不具有的一些特殊的理化性质，如良好的溶解性、分散性、吸附性、化学反应活性等。作为一门跨学科、跨行业的高新技术，超微粉碎技术在中药制药行业中的应用虽然起步较晚，但已显露出特有的优势和广阔的应用前景，这一技术的推广与应用必将推动中药的现代化。中药超微粉碎的特点：细胞破壁率高，有利于药物的释放和吸收；增加药物吸收率，提高其生物利用度；减少剂量，节省原料，提高效率，降低成本；有利于复方中药粉碎中各有效成分的均匀化，提高药物的作用效果；超微粉碎可在不同温度下进行，有利于保留生物活性成分，适用范围广；粉末分布均匀，服用口感好，易于成型，便于应用；污染小，产品卫生质量高，符合药品生产的 GMP要求。

本试验用中药采用超微粉碎技术也体现了以上特点，与中草药 1 组和 2 组相比，差异显著。其配方Ⅰ中，紫河车甘、咸、温，入心、肺、肾经，具有补肾益精，益气养血之功能，用于肾气（肾阳）不足，精血衰少，虚损羸瘦之症。现代药理试验表明，可提高机体的免疫功能。炒苍术辛、苦、温，入脾、胃经，具有燥湿健脾、祛风除湿之功。白术甘、苦、温，入脾、胃经，补脾益气，燥湿利水，现代药理研究发现，对于化学疗法等引起的白细胞下降，有使白细胞升高的作用。配方Ⅱ中，牛胎盘主要成分有丙种球蛋白、激素、酶及酶抑制因子、细胞因子、氨基酸、微量元素和维生素等。房新平（2006）等采用离子交换层析、凝胶层析和反相层析等生物分离技术，对牛胎盘中具有促进脾脏淋巴细胞增殖活性的成分进行了多步的纯化，得到了达到一定纯度的具有极显著的促进脾脏淋巴细胞增殖活性的成分。随着研究的深入，牛胎盘中提高机体免疫力的活性成分的理化性质、结构性能将会进一步得到鉴定，这将为牛胎盘中具有提高机体免疫力的活性成分的充分应用打下坚实的基础。从本试验结果上看，中药超微粉Ⅰ、Ⅱ组都能提高仔猪免疫力，但两组之间差异不显著，预示在人胎盘（紫河车）紧张的情况下，可用牛胎盘代替。黄芪甘、微温，入脾、肺经，具有补中益气、固表止汗、利水消肿、托疮排脓之功。临床试验表明，本品有提高抗病能力、强心、利尿、改善皮肤血液循环之功效。研究表明，黄芪多糖具有促进胸腺发育、延缓胸腺萎缩、提高机体 T 淋巴细胞数量、维持机体特异性与非特异性免疫功能的作用，现在已普遍应用于对 PMWS 的防治。板蓝根苦、寒，入心、肺经，具有清热解毒、凉血消斑、利咽消肿之功。现代药理研究证明，板蓝根对革兰氏阳性和阴性菌均有抑制作用，对流感病毒亦有抑制作用，诸药合用，补中益气、补益肝肾、清热解毒、利水消肿。综合各项指标，中药超微粉碎与中草药一般粉碎相比，各项指标均有显著差异。但从经济效益上看，中药超微粉Ⅱ（牛胎盘组）更有推广价值。

第九章

中药超微粉对断奶仔猪多系统衰竭综合征免疫器官的免疫病理学影响

随着研究的深入，人们认识到猪圆环病毒Ⅱ型（PCV-2）除引起仔猪机体发生原发感染甚至死亡之外，更重要的是使感染仔猪的免疫器官、免疫功能受到损害，结果导致机体抵抗力下降，易引起病原的并发或继发感染，使病情加重，造成更大损失。目前有关研究认为该病引起的免疫器官的病理组织学变化主要是肉芽肿性炎、淋巴细胞减少等。所以，本试验选用中药超微粉对发病仔猪进行治疗后，采用非特异性酯酶染色法对病猪的淋巴结、脾脏、扁桃体进行研究，观察中药超微粉对该病免疫器官的影响，尤其是淋巴细胞的数量上的变化，从而为防治本病提供科学依据。

第一节　试验材料与方法

一、材料

1. 实验动物及分组

对洛阳地区某猪场的 30 头断奶仔猪病例进行流行病学、临床症状、病理变化观察做出初步的诊断，经 ELISA 诊断试剂盒确诊后，随机分为 3 组，每组 10 头。第一组为试验 1 组，饲料中添加 1% 的中药超微粉 2，连用 1 周；第二组为试验 2 组，饲料中添加 1% 的中药超微粉 2，同时，每千克日粮中添加延胡索酸泰妙菌素 50mg、强力霉素 50mg，连用一周；第三组为对照组，仅饲喂基础日粮。试验期间观察各组临床症状变化，试验结束后每组杀猪 2 头，观察病理变化，采取淋巴结、扁桃体和脾脏等待检。

2. 试剂

固定液：取甲醛溶液（市售含量 37%～40%）与蒸馏水配制成10% 的甲醛溶液。

脱水剂：用无水乙醇配制成 75%、80%、85%、90%、95%、100%Ⅰ 和 100%Ⅱ。

透明剂：二甲苯分析纯试剂（含量 99.0％）。

包埋剂：石蜡（熔点范围：55～60℃）。

分化液：盐酸分析纯试剂（含量为 36％～38％）与 70％酒精配成 1％的酒精溶液。

蛋白甘油：取新鲜蛋白 50mL，混合搅拌成泡沫，待泡沫破裂后过滤，加入等量甘油混合均匀，然后再加入麝香草酚或硫酸钠少许。

副品红溶液：用天平称取副品红 4g（上海试剂三厂；批号：070207），加入 2mol/L 的盐酸溶液 100mL，然后过滤。

4％的亚硝酸钠溶液：称取亚硝酸钠 1g 于容量瓶中，加蒸馏水至 2.5mL，临用当天配制。

2％ α-醋酸萘酯溶液：称取 α-醋酸萘酯 2g（上海化学试剂站分装厂；批号：F20020516），加入乙二醇甲醚 100mL，放入有色试剂瓶中，置 4℃的冰箱中保存备用。

pH7.6 的磷酸盐缓冲液。甲液：称取磷酸二氢钾 9.08g 于容量瓶中，加蒸馏水至 1000mL。乙液：称取磷酸氢二钠 23.88g 于容量瓶中，加蒸馏水至 1000mL。取甲液 13mL，乙液 87mL，混合即可。

酯酶染色液的配制：吸取副品红溶液 3mL 于瓶中，再吸取 4％的亚硝酸钠溶液 3mL，徐徐滴入副品红溶液中使颜色由棕黄色变成淡黄色，1min 以后徐徐加入 pH7.6 的磷酸盐缓冲液 89mL，搅匀，再慢慢滴加 2％ α-醋酸萘酯溶液 2.5mL，边加边搅拌，使颜色由乳白色变为淡茄花色混浊样溶液，调至 pH5.8。

1％的甲基绿溶液：称取甲基绿 1g 于容量瓶中（Fluka 进口分装，北京化工厂；批号：830122），加蒸馏水至 100mL。

3. 仪器

220V 电子万用炉（北京市光明医疗仪器厂），SD-2 型推拉三用切片机（山西医学院仪器厂），MDJ-4 型自动磨刀机（天津航空机电公司），220V 小型三用水箱（北京西城区医疗器械厂），202-AD 电热恒温干燥箱（江苏南通县农业科学仪器厂），BCD-269／HC 容声冰箱（容声集团生产），天平，猪圆环病毒 ELISA 诊断试剂盒（武汉科前动物制品有限公司，批号：20060902），显微镜（xs-212），OLYMPUS 显微镜。

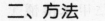

二、方法

1. 取材与固定

将取得的淋巴结、扁桃体和脾脏剖切下有代表性的一部分放入10％福尔马林固定液中 48h，然后将其捞出放在小木板上用手术刀切下病变部分，切面要平整，切下的标本厚度以 2～3mm 为宜，否则固定液难以渗透，注意在切组织块时要一切到底，忌用用力牵引或挟持，以免组织结构发生变化。

2. 水洗

将固定完全且修整好的病理标本取出放在广口瓶内，瓶口要用纱布缠紧，将纱布剪一小口并通上胶皮管用流水充分水洗（一般为 24h）。

3. 脱水

组织经过固定和水洗后，组织中含有大量的水分，这时还不能浸石蜡包埋，因为水和石蜡不能相溶，故必须先把组织内的水分除去。脱水剂还兼有硬化组织的作用，最常用的脱水剂是酒精，通常需经过一系列由稀至浓的酒精才能脱净组织内的水分，脱水的程序为 70％-75％-80％-85％-90％-95％-100％各级酒精，脱水的时间为 2～4h，但也要视材料大小、厚薄而定，不可机械行事。100％的酒精硬化组织的作用强，故时间不宜过长，一般不超过 3h。组织脱水程序如下：70％酒精脱水4h，75％酒精脱水 4h，80％酒精脱水 4h，85％酒精脱水过夜（12h），90％酒精脱水 3h，95％酒精脱水 3h，100％Ⅰ酒精脱水 1h，100％Ⅱ酒精脱水 0.5h。

4. 透明

透明对组织有脱酒精和透明两种作用，一般最常用的透明剂为二甲苯，此外，还有便于石蜡浸入的功能。二甲苯不影响各种染色，易溶于酒精，能溶解石蜡，不吸收水分，透明力强，但组织不能放置太久，否则容易变脆，放置时间视组织块大小而定。为了避免组织剧烈扭转与收缩，最好在投入二甲苯透明前先经过二甲苯与无水酒精 1：1 混合液处理。透明时间为：二甲苯与无水酒精混合液 30min，二甲苯溶液Ⅰ15min，二甲苯溶液Ⅱ10min。

5. 浸蜡

浸蜡时间以能取代组织内的全部透明剂，并充分浸入石蜡为原则。浸蜡前先将盛有石蜡的烧杯放入为温度为 60℃左右的温箱中将石蜡融化，待熔后将透明过的组织小块放入石蜡中 3h。

6. 包埋

从熔蜡箱中取出盛有已熔蜡的烧杯，将蜡倾注于包埋框内，用热的小镊子将组织块放入包埋框内，使切面向下，平置于板上，并用镊子将组织块轻轻压平。待石蜡冷却后取出放入冰箱中若干小时便于切片，将石蜡按组织块大小划分若干块加以修整，组织块周围应留适当的石蜡。

7. 切片及附贴

将修整好的石蜡块固定在切片机上，使石蜡的切面与刀口呈平行方向，刀的倾斜度通常是 25°～30°，转动圆盘调整切片的厚度3.5μm。

将切好的切片用毛笔轻轻拨起，然后放入 40℃的温水中展开，或用适中的纸片放在组织块上直接切后将该纸片缓缓放入水中展开。

在预先用 95％酒精泡洗干净的载玻片上滴适量的蛋白甘油并涂匀，将载玻片缓缓插入水中，将展开的切片缓缓铺上，送入烤片箱（50℃，勿高于熔点）烘烤 1h 左右使切片上的石蜡熔化。

8. 染色

应用酯酶标记法，测定动物的 T 淋巴细胞值，T 淋巴细胞内含有非特异性酯酶能将染色液内的 α-醋酸萘酯水解，产生 α-萘酚和醋酸离子，然后 α-萘酚与六偶氮副品红偶联，在 T 淋巴细胞酯酶存在的部位生成不溶性的褐红色的沉淀粒。具体步骤为：先要进行脱蜡，二甲苯Ⅱ5min，100％无水酒精Ⅰ5min，100％无水酒精Ⅱ5min，95％酒精

5min，90%酒精 5min，85%酒精 5min，80%酒精 5min，75%酒精 5min，自来水 1min。

非特异性酯酶染色法：酯酶染色液先在 37℃ 的恒温箱中预热 30min，然后将组织切片置于染色液中后于 37℃ 的恒温箱中 3h。取出切片，自来水洗 1～2 次，蒸馏水洗 1 次，1% 的甲基绿溶液复染 1min，流水冲洗 1～2 次，蒸馏水洗，自然干燥，中性树胶封片。然后观察结果，并用数码显微系统照相并获得病理切片的病理组织学变化图，镜检发现细胞核为绿色，非特异性酯酶活性部位呈红棕色至深棕色，细胞质呈局限性强阳性反应的淋巴细胞为 T 淋巴细胞，统计淋巴细胞的数量变化。

第二节　试验结果

一、临床症状和病理变化

对照组临床症状表现为采食量下降、生长迟缓、精神沉郁、进行性消瘦、被毛粗乱、有的出现腹泻症状、猪只呼吸困难、喘气、呈腹式呼吸；出现贫血、皮肤苍白；腹股沟淋巴结肿大、全身性黄疸。病猪的尸体营养状况差，表现出不同程度的肌肉消耗，皮肤苍白，剖检病理变化最显著的变化是全身淋巴结，特别是腹股沟浅淋巴结、肠系膜淋巴结、气管支气管淋巴结及下颌淋巴结肿大，切面湿润，硬度增大，呈土黄色；肝萎缩，呈不同程度的花斑状，肝小叶间结缔组织明显；脾脏增大，切面呈肉状，无充血；肾脏被膜下呈现可见的白色灶，所有可见病变的肾脏都肿大，有的因水肿可达正常的好几倍；肺脏的变化为间质性肺炎，呈棕黄色或棕红色斑驳状，手触之有橡皮样弹性。心脏变形，质地柔软，肺脏通常出现萎缩、局灶性到弥漫性斑、变硬、表现间质性肺炎。试验 1 组临床症状逐渐减轻，黄疸症状不明显，剖检病理变化显示全身淋巴结肿胀没有对照组大。试验 2 组临床症状逐渐减轻，没有出现黄疸症状，剖检病理变化显示全身淋巴结肿胀不明显，没有试验 1 组大。

二、免疫器官中淋巴细胞的变化

各组仔猪免疫器官中淋巴细胞发生变化，具体见图 9-1 至图 9-6 和表 9-1。从图中可以看到呈棕褐色细小颗粒状的细胞为 T 淋巴细胞，对照组扁桃体淋巴滤泡中淋巴细胞减少，巨噬细胞增多；图中发现试验 1 组和 2 组淋巴结的小梁窦内充满了从淋巴小结蔓延的淋巴细胞，对照组淋巴结内的毛细血管充血且周围有淋巴细胞，显示动脉周围淋巴鞘和小梁周围 T 淋巴细胞数量均减少，淋巴结被膜出血并水肿，从镜下可观察到被膜内有淡粉红色的浆液渗出；对照组脾脏显示巨噬细胞较试验 1 组和 2 组增多，脾脏动脉周围淋巴鞘的 T 淋巴细胞数量较试验 1 组和 2 组明显减少。

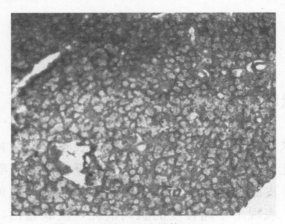

图 9-1　试验 1 组扁桃体（40×10）

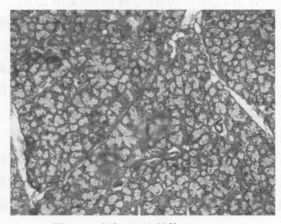

图 9-2　试验 2 组扁桃体（40×10）

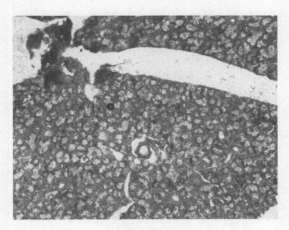

图 9-3 对照组扁桃体（40×10）

图 9-4 对照组淋巴结（40×10）

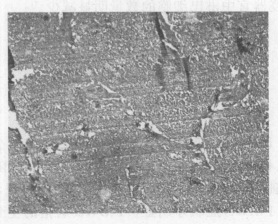

图 9-5 试验 1 组淋巴结（40×10）

图 9-6　试验 2 组淋巴结（40×10）

表 9-1　各组猪的淋巴结、扁桃体和脾脏中淋巴细胞比例的变化

淋巴细胞	名称	试验 1 组	试验 2 组	对照组
B 淋巴细胞	淋巴结	62.0±1.8	66.0±1.8	41.4±0.5
	扁桃体	39.9±0.5	40.9±0.5	30.5±0.3
T 淋巴细胞	淋巴结	63.8±1.1	67.8±1.1	52.7±0.3
	扁桃体	38.6±0.8	42.5±0.8	31.6±1.2
	脾脏	60.0±0.5	64.0±0.5	51.8±1.5

　　从表 9-1 中可以发现对照组病猪淋巴结中的 B 淋巴细胞数量比试验
1 组和 2 组值下降了 21 和 26 个百分点，在扁桃体中也下降了 9.4 和
10.4 个百分点；淋巴结中的 T 淋巴细胞也下降了 11.1 和 15.1 个百分
点，在扁桃体和脾脏中也都下降了 7 和 10.9 个百分点，说明了感染
PMWS 以后免疫器官中淋巴细胞的数量明显减少。

第三节　讨　论

　　观察发现，PCV-2 感染猪后首先诱导淋巴细胞减少，特别是在感
染初期，B 细胞和记忆性激活 T 细胞最容易受影响，随着时间推移导
致 B 细胞和 T 细胞同时崩溃，并引发 PMWS 症状出现，只有在淋巴细
胞严重减少时，PMWS 症状才明显。PMWS 病猪的主要病理变化有典
型的包涵体、多核巨细胞形成、巨噬细胞等炎性细胞浸润增生，并且相

同的病例不同部位的淋巴结有时病理变化不一致，一般增生与包涵体，或多核巨细胞与肉芽肿同时存在。说明圆环病毒在猪体内的感染具有一定的规律性，慢性病例以肉芽肿和多核巨细胞为主，急性则表现增生和包涵体，肺脏的病理变化主要是肺泡壁巨噬细胞浸润，肺间质增宽，有时形成合胞体。大量巨噬细胞增生浸润，说明圆环病毒激活了单核吞噬细胞系统，进一步促进病毒的复制，导致机体抵抗力降低，若发生继发感染，易引起猪发病。特征性病理变化为淋巴结淋巴滤泡的生发中心面积减少，副皮质区扩大，淋巴细胞减少，巨噬细胞和组织细胞增多；扁桃体淋巴滤泡中淋巴细胞减少，巨噬细胞增多；脾脏白髓淋巴细胞减少。

本试验选用中药超微粉对发病仔猪进行治疗后，采用 ANAE 法染色，研究 PCV-2 阳性猪的淋巴组织淋巴细胞的变化，结果显示各组淋巴细胞的数量发生变化，T 淋巴细胞阳性结果呈棕褐色细小颗粒状；扁桃体组织中的淋巴细胞不分区进行数量统计，由于脾脏白髓主要由 T 淋巴细胞构成，对脾脏动脉周围淋巴鞘的 T 淋巴细胞数量进行统计。ANAE 结果表明，对照组呈现强阳性的巨噬细胞较试验 1 组和 2 组增多，T 淋巴细胞较试验 1 组和 2 组明显减少；淋巴结 ANAE 染色，主要对淋巴结副皮质区 T 淋巴细胞的数量变化进行统计，结果显示对照组动脉周围淋巴鞘和小梁周围 T 淋巴细胞数量均减少，淋巴结被膜出血并水肿，从镜下可观察到被膜内有淡粉红色的浆液渗出，表明出现了浆液性淋巴结炎，从而为剖检时观察到的淋巴结显著肿大多汁提供了理论依据。同时还发现试验 1 组和 2 组淋巴结的小梁窦内充满了从淋巴小结蔓延的淋巴细胞，对照组淋巴结内的毛细血管充血且周围有淋巴细胞，这表明猪感染 PCV-2 后，机体的免疫和吞噬能力增强，由此我们认为此时的猪可能在患病初期，但随着病程的延长和患病猪的体质减弱，PCV-2 可引起机体的免疫抑制甚至衰竭死亡。利用显微摄像图像和细胞计数软件，对淋巴细胞数量进行统计比较，结果表明，PCV-2 可导致淋巴组织淋巴细胞明显减少。中药超微粉可以恢复其淋巴细胞数量，提高机体免疫力。

李华（2000）等采用流式细胞仪，对淋巴组织的细胞进行了分析，得出结论为 T 细胞在肠系膜淋巴结中百分比为 $63\% \pm 6\%$，扁桃体中为 $43\% \pm 3\%$，另有资料表明，正常情况下，成熟的 T 细胞离开胸腺进入血循环，分布于外周免疫器官的胸腺依赖区，在血液中占 60%～70%，在淋巴结占 65%～85%，在胸导管中占 90% 以上，在脾脏中占 30%～50%，而 B 细胞在血液中占 20%～30%，在胸导管中不超过 10%，在淋巴结中占 15%～35%，在脾脏中数量最多，可达 60%，且 B 细胞受抗原刺激后可在外周免疫器官中继续增殖分化为浆细胞，分泌抗体。有人进一步用流式细胞术检测了 SPF 仔猪感染 PRRSV 后发现感染猪扁桃体和肠系膜淋巴结 T 淋巴细胞减少。而由本研究试验组数据看出，正常的淋巴结和扁桃体 T 细胞所占百分比差异不显著，而脾脏内 T 淋巴细胞数量和淋巴结内 B 淋巴细胞与报道的数据有一定的差异，怀疑与染色或浆细胞干扰有关。但从横向角度看，仍能说明圆环病毒和其他病原能够引起淋巴细胞减少的情况，中药超微粉可以恢复扁桃体、脾脏、淋巴结中淋巴细胞数量具有一定的参考价值和代表意义。

PCV-2 作为一种最近发现的病毒，与其有关的疾病已经成为世界养猪业的重要传染病，给养猪业带来巨大的经济损失。尽管世界上许多实验室对 PPV 和 PRRSV 与 PCV-2 在致病方面的协同机制、该病毒对其所导致的各种疾病及 PMWS 的人工复制等方面进行了大量的研究，使我们获得了大量的相关知识，但我们对其分子生物学特性、病毒对动物免疫系统的影响、致病机理、有效的预防和控制该病毒引发的各种疾病，以及一些潜在的问题等方面缺乏全面系统的了解。我们在用中药超微粉防治的同时，在饲料中添加支原净、强力霉素，目的是防治继发的细菌感染，并收到效果，但是，我们还必须对这些方面进行更详细、更深层的研究。由于该病毒较广泛地存在于猪体内，与猪的健康密切相关，尤其是考虑可能用猪的器官进行人的异体移植时，更应当进一步加强对此病的研究。我们相信，通过对 PMWS 更深入的研究，和对中药超微粉的进一步完善，使得中药超微粉更有效地防治此病，对降低全球养猪业的经济损失起着不可估量的作用。

第四节　结　论

本试验选用中药超微粉对发病仔猪进行治疗后，采用非特异性酯酶染色方法，对各组猪的淋巴结、扁桃体、脾脏组织切片进行免疫病理学研究，T 淋巴细胞阳性结果呈棕褐色细小颗粒状，B 淋巴细胞的阳性结果呈棕绿色细小颗粒状。利用细胞计数软件，统计分析淋巴细胞的数量变化后发现，对照组病猪在临床上主要表现渐进性消瘦、腹股沟淋巴结肿大、生长发育不良、多系统衰竭的综合病症；与试验 1 组和 2 组猪免疫器官的淋巴细胞的数量相比发现，猪圆环病毒 2 型可导致机体淋巴组织 T 淋巴细胞和 B 淋巴细胞明显减少，特征性病理变化为淋巴结淋巴滤泡的生发中心面积减少，副皮质区扩大，淋巴细胞减少，巨噬细胞和组织细胞增多；扁桃体淋巴滤泡中淋巴细胞减少，巨噬细胞增多；脾脏白髓淋巴细胞减少，说明 PCV-2 既影响细胞免疫，又可影响体液免疫。中药超微粉可以恢复扁桃体、脾脏，以及淋巴结中淋巴细胞数量，提高机体免疫力。

第十章

中药超微粉防治断奶仔猪多系统衰竭综合征应用研究与推广

目前还没有有效的疫苗可以用来预防 PMWS，虽然国内外已研制出基因工程苗、亚单位疫苗，但因 PMWS 并非仅由 PCV-2 引起，其必须与猪细小病毒（PPV）、猪繁殖与呼吸障碍（PRRS）病毒、猪胸膜肺炎放线杆菌等病原协同作用于免疫系统，才能使猪发病，所以对 PCV-2 的感染很难奏效。中草药从根本上保护、协调畜禽的整体健康，增强机体的免疫功能，调节体内有益微生物群落，充分发挥和提高机体本身预防疾病的潜在能力。但是，传统应用中草药多为直接粉碎，添加量大，科技含量低，作用效果不稳定。猪是单胃动物，对粗纤维的消化能力有限，而中草药多为植物的茎、根、皮，粗纤维含量很高，有效成分包含于植物中，而细胞壁也多为粗纤维构成，单胃动物多不能破坏细胞壁，有效成分就不能很好地发挥作用。2002 年以来，我们实行边研究边推广的方式，逐渐摸索出一套中药超微粉配合西药防治 PMWS 的方法，并取得了巨大的经济效益和社会效益，现报告如下。

第一节　试验材料与方法

一、材料

1. 试验药物

中药超微粉配方比例为紫河车（牛胎盘）0.3kg、炒苍术 1kg、麸炒白术 1kg、黄芪 1kg、板蓝根 1kg（药材样品见图 10-1 和图 10-2），由洛阳市医药公司购买（牛胎盘为自己收集），河南科技大学动物科技学院猪病防治研究中心加工。将上述中药按比例配好，用一般粉碎机粉碎后过 60 目筛，再用超微粉碎机粉碎，铝箔袋包装备用；延胡索酸泰妙菌素（兽用）为山东胜利股份有限公司生产；强力霉素（盐酸多西霉素）为浙江星海制药（集团）有限公司生产。

图 10-1　中药超微粉所用药材样品（一）

图 10-2　中药超微粉所用药材样品（二）

2. 实验动物

　　河南省豫西地区（洛阳、三门峡、平顶山等）10 个猪场约 5 万头猪；豫北地区（安阳、鹤壁、濮阳、新乡等）15 个猪场约 8 万头猪，以及来河南科技大学动物科技学院猪病防治研究中心就诊的豫南、豫东、山西等地的小型猪场、个体养猪户等。

二、方法

1. 母猪预防用药方法

在母猪产前产后各 1 周饲料中添加 0.5% 中药超微粉，同时，每千克日粮中添加延胡索酸泰妙菌素 50mg、强力霉素 50mg。

2. 断奶仔猪预防用药方法

仔猪断奶后一周饲料中添加 0.5% 中药超微粉，同时，每千克日粮中添加延胡索酸泰妙菌素 50mg、强力霉素 50mg，间隔一周，同样方法再用药一周。治疗量加倍。

3. 综合防治方法

加强饲养管理，降低饲养密度，保持良好的圈舍通风；加强哺乳期的管理，尽可能提高断奶窝重，提高断奶仔猪的采食量。提高猪群营养水平，降低猪群的应激因素；合理分群与混养；实行全进全出，避免将不同日龄的猪混群饲养，从而减少和降低猪群之间 PCV-2 及其他病原的接触感染机会。建立完善的生物安全体系，将消毒卫生工作贯穿于养猪生产的各个环节，最大限度地降低猪场内污染的病原微生物，减少或杜绝猪群继发感染的概率，有效预防和控制其他感染性疾病，做好猪瘟、猪伪狂犬病、猪细小病毒病、猪气喘病等的疫苗的免疫接种，提高猪群整体的免疫水平，减少呼吸道病原体的继发感染，增强肺脏对 PCV-2 的抵抗力。对于早期发现疑似感染猪进行检查、隔离、淘汰，避免从疫区引进猪只，严格控制外来人员、车辆、货物进入猪场。同时避免其他动物接近猪场，对老鼠和飞鸟也要进行严格控制。

4. 防治效果观察

采取以上综合防治措施后，跟踪观察记录母猪的产仔情况、断奶仔猪成活率、断奶后 PMWS 发病情况、死亡情况等。同时走访技术场长、技术员、饲养员等相关人员，查阅过去资料，获得应用推广前母猪的产仔情况、断奶仔猪成活率、断奶后 PMWS 发病情况、死亡情况等。

第二节 试验结果

一、各地区应用推广前后母猪产仔情况

从表 10-1 可以看出，各地区应用推广前后母猪每窝产仔数变化不大，推广前为 9.83 头/窝，推广后为 9.84 头/窝；但是，推广前后平均死胎数却有很大差异，推广前为 1.17 头/窝，推广后为 0.58 头/窝；推广前后断奶仔猪平均成活率也有很大差异，推广前平均成活率为94.4%，推广后平均成活率为 97.9%。

表 10-1 各地区应用推广前后母猪产仔情况表

地区	母猪/头	推广前平均产仔数/(头/窝)	推广后平均产仔数/(头/窝)	推广前平均死胎数/(头/窝)	推广后平均死胎数/(头/窝)	推广前断奶仔猪平均成活率/%	推广后断奶仔猪平均成活率/%
豫西	5000	9.8	9.81	1.12	0.61	94.1	97.9
豫北	8000	9.82	9.82	1.2	0.56	94.5	98
	7000	9.87	9.88	1.2	0.58	94.6	97.8
合计	20000	9.83	9.84	1.17	0.58	94.4	97.9

二、各地区应用推广前后仔猪断奶后 PMWS 发病、死亡情况

从表 10-2 可以看出，各地区应用推广前仔猪断奶后 PMWS 发病率为 20.27%、病死率为 53.17%，应用推广后，仔猪断奶后 PMWS 发病率为 5.7%、病死率为 20.83%，存在很大差异。

表 10-2 各地区应用推广前后仔猪断奶后 PMWS 发病、死亡情况表

地区	推广前发病率/%	推广后发病率/%	推广前病死率/%	推广后病死率/%
豫西	20	5.6	52.2	20.2
豫北	19.8	5.4	53.1	21.1
	21	6.1	54.2	21.2
合计	20.27	5.7	53.17	20.83

第三节　讨　论

一、PMWS 流行特点及防治效果

PMWS 病因较为复杂，PCV-2 是其原发病原。该病毒对猪有较强的易感性，病猪和带毒猪是主要传染源。感染的猪可通过鼻液、粪便等排泄物向外排毒，经口、呼吸道等途径感染不同日龄的猪，同居猪感染率可达 100%。但据有关资料表明，猪单独感染 PCV-2 并不会引起急性 PMWS，而且感染群中不是所有猪最终都成为 PMWS 病猪，因此认为除感染 PCV-2 之外，还需要病原或某些因素（如饲养环境恶化、免疫刺激等）才能诱导本病广泛的临床症状和病理变化，临床上最常见与猪蓝耳病毒、伪狂犬病毒、细小病毒、副猪嗜血杆菌、猪瘟及附红细胞体等呈现出混合或继发感染。本病主要发生于断奶后保育阶段的仔猪（尤其是 6～10 周龄的仔猪），感染猪群发病率通常为 20%～50%，病死率可达 50%～100%。本研究应用推广的猪场过去的发病率平均 20.27%、病死率 53.17%，属于正常较低水平。应用推广后，仔猪断奶后 PMWS发病率为 5.7%、病死率为 20.83%，与推广前相比存在很大差异。怀孕母猪感染后，病毒可经胎盘垂直直接感染仔猪而诱发断奶猪多系统衰竭综合征；本研究应用推广前后母猪每窝产仔数变化不大，但是，推广前后平均死胎数却有很大差异，推广前为 1.17 头/窝，推广后下降为0.58 头/窝，平均下降 0.59 头/窝；推广前后断奶仔猪平均成活率也有很大差异，推广前平均成活率为 94.4%，推广后平均成活率为 97.9%，提高 3.5 个百分点。说明中药超微粉防治断奶仔猪多系统衰竭综合征应用研究与推广效果显著。

二、中药超微粉防治断奶仔猪多系统衰竭综合征应用研究的思路

由于 PMWS 是一种多病因及因素共同作用的疾病综合征，目前国

内外还未有控制本病有效的方法和可行的疫苗，按照中兽医学"治未病"的预防思想，提出预防为主是控制 PMWS 的主导思想。PMWS 的预防必须是在加强饲养管理的基础上建立、健全严格的生物安全措施，严防病原传人，同时采取早期药物保健、做好相关疫病的免疫接种和减少应激因素等措施来控制混合感染，减轻发病程度及危害性。因此，我们按照中兽医学"扶正以驱邪"的理论，使用补益正气的方药（紫河车、黄芪、白术等）及加强饲养管理等方法，以提高猪的抗病能力，达到"正复邪自去"的目的。当然，我们相信中医，也不排斥西医。笔者认为，病毒性疾病要靠疫苗，如猪瘟、细小病毒、伪狂犬病等，对细菌性疾病要用药物保健预防。所以，在运用在中药超微粉提高机体免疫力的同时，每千克日粮中添加延胡索酸泰妙菌素 50mg、强力霉素 50mg，防止细菌继发感染，尤其是防止呼吸道细菌感染。从结果上看，应用效果还是很明显的。

柴言华（2016）结合患病猪群的临床症状表现，在中兽医的辨证理论指导下进行综合分析，初步确定此类发病猪群的病因是外感寒邪，属寒证，病在脏腑，是正气虚衰的虚证，阳气不足加上外寒所伤，形体失于温煦，故见畏寒喜暖、肢冷蜷卧。阳虚不能温化水液，寒邪伤脾加上脾阳久虚，则运化失司而见粪便稀溏，阳虚不化，寒湿内生，则口色淡白，苔白而润滑。根据中兽医治疗的基本原则提出治未病（一是未病先防、二是既病防变）、扶正祛邪、治病求本、辨证论治、因时因地因畜制宜等原则进行治疗。治未病，未病先防的方剂可选用扶正解毒散（黄芪 60g、板蓝根 60g、淫羊藿 30g），仔猪断奶后在饲料中按千分之四添加，连用 10～15d。方中板蓝根清热解毒且能提高巨噬细胞的吞噬能力；黄芪补气扶正可抑制病毒增殖；淫羊藿补肾壮阳并强筋健骨，对免疫功能具有促进作用，可增强 T 淋巴细胞的功能；促进 B 淋巴细胞的增生和转化，提高抗体生成水平。诸药相合，共奏补中益气、清热解毒、扶正祛邪之功效并能调节机体免疫功能。如果已出现上述类似症状的猪群应温中祛寒、回阳救逆，方用制附子 300g，干姜 200g，炙甘草 300g，共为末，饲料中按 6‰～10‰添加，连用 5d，方中附子辛甘大热，走而不守，能温肾壮阳以祛寒救逆，并能通行十二经，振奋一身之阳，是为君药；干姜辛温，守而不走，温中祛寒，与附子相配，可增强回阳之功，是为臣药；甘草甘缓，和中缓急，温养阳气，并能缓和姜附燥热之性，是为佐药。三药合用，功专效宏，可以奏回阳救逆之效。服用上方5d后，猪群的精神状况大大改善，继而调补脾胃，升阳益气，方用：黄芪（炙）90g、党参60g、白术（炒）60g、甘草（炙）45g、当归60g、陈皮60g、升麻30g、柴胡30g，共为末，饲料中按6‰添加，连用5～7d。方中黄芪补气升阳为主药；辅以党参、白术、炙甘草益气健脾；当归补血，陈皮理气，升麻、柴胡升阳同为佐药；炙甘草为使而调和诸药。发病时间长、腹式呼吸、消瘦、皮肤苍白、黄染的猪只可挑出单独用药，重用干姜、附子，并适量加猪胆粉。

三、经济效益分析

根据中药市场行情，加上中药超微粉加工费用，包装袋等，中药超微粉每千克价格不超过10元。延胡索酸泰妙菌素市场价800元/kg，强力霉素市场价390元/kg。母猪产前产后各一周能吃约50kg饲料，断奶仔猪两周能吃料约6kg。这样，每头母猪的投入成本为5.98元（母猪投入成本＝中药费用＋西药费用＝50kg×0.5％×10元/kg＋50kg×0.00005×800元/kg＋50kg×0.00005×390元/kg＝5.48元）；断奶仔猪投入成本为0.66元（断奶仔猪投入成本＝中药费用＋西药费用＝6kg×0.5％×10元/kg＋6kg×0.00005×800元/kg＋6kg×0.00005×390元/kg＝0.66元），而市场价每头仔猪约260元，这样每头母猪产后的死胎数下降0.58头/窝，加上仔猪断奶成活数提高0.34头/窝［9.84×（97.9－94.4）÷100＝0.34］，平均每头母猪增加仔猪0.92头，多收入239.2元（0.92头×260元/头），应用推广20000头母猪多收入4784000元。断奶后仔猪发病率下降14.57％（20.27％～5.7％），病死率下降32.34％（53.17％～20.83％），这样，断奶后仔猪成活率提高9.59％（20.27％×53.17％－5.7％×20.83％＝9.59％），应用推广200000头仔猪多收入4854800元（9.59％×200000头×260元/头－200000×0.66元/头＝4854800元），母猪多收入加上断奶仔猪多收入，总计多收入9638800元（4784000元＋4854800元＝9638800元），将近1000万元。

四、社会效益分析

中药超微粉防治断奶仔猪多系统衰竭综合征研究的成功，填补了PMWS不能防治的空白，丰富了中兽医中药防治疾病的理论，为中兽医中药现代化提供了参考，为弘扬祖国传统兽医学做出了贡献。

河南省是全国十大生猪生产省之一，也是外贸出口的重点省份。随着我国加入世贸组织和市场经济的建立，我省生猪生产又得到迅速发展，许多农民和下岗职工在当地政府的支持下探索出一条养猪脱贫致富的路子。但是，由于不懂技术和疫病的流行，特别是断奶仔猪多系统衰竭综合征等新的疫病流行，使得养猪户大批断奶仔猪死亡，辛苦养猪得到的钱又赔了进去，一些养猪户失去了养猪的信心，干脆不养猪，这样，又使得生猪供应紧张，猪肉价格飞涨，带动副食品涨价，增加社会不稳定因素。我们课题组在实践中摸索出中药超微粉防治断奶仔猪多系统衰竭综合征的方法，为养猪场提供了技术保证，为农民养猪致富提供了靠山。通过近五年的应用推广，累计减少病死猪约200万头，为社会多提供猪肉17万吨，缓解了供需矛盾，丰富了群众的菜篮子，美化了人民生活，促进了社会稳定，同时，增加出口创汇，促进对外贸易的发展。

病死猪数量的减少，能有力地减少甚至杜绝某些疫病的传播，特别是人畜共患病，减少环境污染，有利于人民健康，维持生态平衡。

第十一章

断奶仔猪多系统衰竭
综合征综合预防和治疗

第一节　加强饲养管理

目前还没有有效的疫苗可以用来预防 PCV-2 的感染，虽然国内外已研制出基因工程苗、亚单位疫苗，如肖文介绍丹麦已有四家公司在试验其疫苗。法国和德国已经对 PMWS 疫苗试验接种给予了临时许可，而加拿大已经初步批准了一种疫苗制品。但因 PMWS 并非仅由 PCV-2 引起，其必须与 PPV-2、PRRS 等病原协同作用于免疫系统，才能使猪发病，所以这种疫苗对 PCV-2 的感染很难奏效。因此，目前采取的主要对策是综合防治，加强饲养管理，降低饲养密度，使圈舍通风良好；减少环境应激；合理分群与混养；实行全进全出，避免将不同日龄的猪混群饲养，从而减少和降低猪群之间 PCV-2 及其他病原的接触感染机会。建立完善的生物安全体系，将消毒卫生工作贯穿于养猪生产的各个环节，最大限度地降低猪场内污染的病原微生物，减少或杜绝猪群继发感染的概率，有效预防和控制其他感染性疾病，做好猪瘟、猪伪狂犬病、猪细小病毒病、猪气喘病等的疫苗的免疫接种，提高猪群整体的免疫水平，减少呼吸道病原体的继发感染，增强肺脏对 PCV-2 的抵抗力。对于早期发现的疑似感染猪进行检查、隔离、淘汰，避免从疫区引进猪只，严格控制外来人员、车辆、货物进入猪场。同时避免其他动物接近猪场，对老鼠和飞鸟也要进行严格控制，可使用以下措施进行预防。

一、减少与病猪之间的接触

病毒能在猪只间直接传播，也能通过注射针头、手术器械、粪便及人体进行间接传播。但是，猪从感染 PCV-2，到能够向猪传播该病毒所需的时间比较长，这就有足够的时间将有明显症状的病猪进行隔离，而不至于传播给其他猪。在感染的初期就将病猪淘汰，那么就会很快控制病毒的进一步散播，减少病猪的数量。坚持全进全出，避免不同日龄的猪混养。丹麦养猪全国委员会对 5 家 PMWS 感染猪场改善饲养管理措施后的效果进行跟踪调查表明，仔猪舍的小栏化，小栏之间用实体墙间隔，并实行全进全出的日常操作有一定效果，它能降低断奶仔猪的死亡率。

二、应激是危险的隐形杀手

改善饲养方式，提高饲养管理水平，提供舒适环境，严格控制圈舍空气的流向，降低饲养密度，减少应激因素，特别是减少对断奶仔猪的应激，禁止饲喂发霉变质或含有霉菌毒素的饲料；加强猪舍的通风、换气工作，改善猪舍的空气质量，降低氨气浓度并保持猪舍卫生整洁、干燥。应激动物更易患病，减少猪只与病原微生物的接触，适当时可以使用有效的药物。在生产中尽可能选择能减少应激的操作。加强哺乳期的饲养管理，尽可能提高断奶窝重，提高断奶仔猪的采食量。

三、良好的卫生状况

不向周围传播该疾病；定期进行严格的卫生消毒工作并执行最佳的生物安全操作程序。做好通风换气和保温工作，保持适宜的湿度和适当的饲养密度。董翠霞等提出改善猪舍空气质量，氨气浓度要小于10mL/L，二氧化碳浓度小于0.1%；相对湿度小于85%。

在一种合适疫苗被批准之前，我们必须接受 PMWS 这个疾病存在的事实。为有效控制这种疾病，我们必须在生产管理、药物疗法和卫生学程序方面不懈努力以降低它对生产造成的不良影响，阻止猪发病。

第二节　药物防治

目前此病尚无特效药物进行预防治疗，对已发生该病的猪场，应及时隔离并淘汰病猪，增加消毒次数，加强营养，并在饲料中添加广谱抗生素治疗和预防继发感染。洛阳惠德生物工程有限公司提出了自己的防

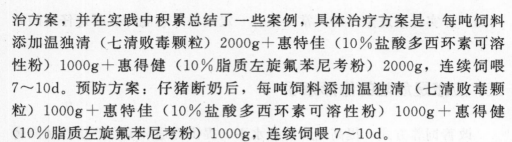

治方案，并在实践中积累总结了一些案例，具体治疗方案是：每吨饲料添加温独清（七清败毒颗粒）2000g＋惠特佳（10％盐酸多西环素可溶性粉）1000g＋惠得健（10％脂质左旋氟苯尼考粉）2000g，连续饲喂7～10d。预防方案：仔猪断奶后，每吨饲料添加温独清（七清败毒颗粒）1000g＋惠特佳（10％盐酸多西环素可溶性粉）1000g＋惠得健（10％脂质左旋氟苯尼考粉）1000g，连续饲喂7～10d。

案例一：2017年6月，辽宁某地某猪场，母猪存栏376头，发病猪群为50～70千克，症状见全身出现丘疹，并快速传染全群，大群采食量下降20％，体温部分猪达41℃。经实验室检查确诊为圆环病毒引起的皮炎肾炎综合征。采用方案：每吨饲料添加温独清（七清败毒颗粒）2000g＋惠特佳（10％盐酸多四环素可溶性粉）1000g＋惠得健（10％脂质左旋氟苯尼考粉）2000g，连续饲喂7～10d。在治疗第五天开始，皮肤丘疹开始消退，大群采食量恢复正常；治疗第八天，丘疹消退，猪群恢复正常。

案例二：2016年8月，河北某猪场456头母猪规模，发病猪群发病集中在断奶后两周，症状主要见渐进性消瘦、皮肤苍白、毛乱、喘气、发热，解剖见肾脏出现白斑、淋巴结肿大苍白。发病率达30％以上，疑似圆环病毒引起的断奶仔猪渐进性消瘦，经实验室检测诊断本场为圆环病毒感染高发猪场。采用方案：在断奶后猪群正常的情况下，每吨饲料添加温独清（七清败毒颗粒）1000g＋惠特佳（10％盐酸多四环素可溶性粉）1000g＋惠得健（10％脂质左旋氟苯尼考粉）1000g，连续饲喂7～10d。经过一个批次的预防保健，断奶保育猪群出现临床消瘦，喘气症状下降到8％左右。产房仔猪在14日龄进行圆环病毒接种，结合保健方案的实施，最终临床症状减少到3％。经实验室再次检测，猪群圆环病毒处于稳定可控状态。

支原净125g、强力霉素125g和阿莫西林125g，3种药加入1000g饲料日粮中拌均喂饲，连用1～2周；或按每千克体重支原净12.3mg给病猪肌注2次/d，连用3～5d；对症治疗可选用维生素B_{12}、维生素C、肌苷、氨苄青霉素、金刚烷胺等药；也可选用以下措施预防：每千克日粮中添加支原净50mg、强力霉素50mg、阿莫西林50mg，拌均喂服，口服补液盐水，并于其液每1000千克重加入50g支原净和50g水溶性阿莫西林。每千克日粮中添加支原净50mg、金霉素150mg、喹乙醇

80mg。陆惠忠等提出在母猪产前和产后 1 周，可在饲料中添加 10％泰乐威（1000g/t）＋3％纽氟罗（1500g/t）。断奶仔猪：可在饲料中添加 80％支原净（100g/t）＋金霉素（300g/t）＋阿莫西林（200g/t），连喂 10～15d。中猪：可在保育舍转至肥育舍时，饲料中添加黄芪多糖＋维生素 C（500g/t）＋氟苯尼考（100g/t），连喂 10～15d。

　　周向华（2006）提出，在饲料中添加喷雾干燥猪血浆蛋白来控制发病率和死亡率，据 APC（美国蛋白质公司）在巴西的大量试验和实际应用证明，在保育一期料（28～42 日龄）、二期料（43～56 日龄）、三期料（57～70 日龄）中分别添加 6％、4％和 2％的喷雾干燥血浆，由 PMWS 引起的死亡、淘汰率从 20％～25％降低到了 0～3％。喷雾干燥猪血浆蛋白是以纯鲜猪血分离血浆为原料，并采用特殊喷雾干燥工艺生产的独特的动物蛋白产品。主要成分为免疫球蛋白、清蛋白、纤维蛋白原、脂、酶、生长因子和其它因子。这些物质能有效增强幼畜机体免疫力，同时提供了丰富的蛋白质和大量高消化率的必需氨基酸，并且易溶解，消化吸收率极高，能显著提高饲料采食量。血浆中含有的免疫球蛋白能增强猪的抵抗力，同时可推迟圆环病毒发病时间，从而降低了猪只的发病数和死亡率，大幅度提高了猪场的生产效益。赵珺（2006）等在猪发病时注射高免血清，每千克体重 0.2～0.5mL，1d 1 次，连用 2～3d。食欲差或废绝的猪，可投服复合维生素 B 片、维生素 C 片、健胃消食片等。或者肌内注射三磷酸腺苷（ATP）、辅酶 A、肌苷等药物，静脉注射糖盐水、高糖、维生素 C 等。同时肌内注射氟苯尼考、长效土霉素等抗生素。全群料中加入"清瘟败毒散"和抗生素。安进（2007）对由断奶仔猪多系统衰竭综合征、猪流感、猪蓝耳病、非典型性猪瘟等引起的高热病防治原则与治疗方案是加强饲养管理，给予富有营养和容易消化的饲料。饲料或饮水中添加圆环病毒抗 1000g 拌料 1000kg，20％氟苯尼考 100g 加水 1000kg，阿莫西林 100g 加水 1000kg，葡萄糖粉 1000g 拌料 1000kg，复合多维 1000g 拌料 1000kg，连用 7d。肌内注射氟洛芬每 10kg 体重 1mL，得利先每 10kg 体重 1mL，圆环蓝耳康每 10kg 体重 2mL，热毒平每 10kg 体重 2mL（体温高者使用），连用 3～5d。甘善化（2006）提出，药物特别是抗生素治疗对患 PMWS 的病猪没有直接的效果，但抗生素的短期合理使用有助于控制发病及继发感染。由于不同猪场混合或继发感染的细菌不完全相同，单纯使用一种抗生素不能涵盖所要控制的细菌感染，必须配伍用药，同时采取母猪和仔猪同时用药的方式，方能产生理想的控制效果。母猪在产前和产后各 7d，每吨饲料中添加金霉素 300g、阿莫西林 200g、支原净 100g 混匀后饲喂，既可净化母猪体内的细菌，又可防止病原从母猪向仔猪的早期传播；仔猪出生后于 3、7 及 21 日龄各注射一针长效土霉素或头孢噻呋，断奶前 1 周至断奶后 2 周，每吨饲料中添加替米考星 50g、阿莫西林 300g、黄芪多糖 300g，同时在断奶后 1 周内饮服补液盐水并于其中添加适量维生素 C。感染发病猪群每吨饲料中添加支原净、强力霉素和阿莫西林各 125g 或 5％氟甲砜霉素 1000g、磺胺二甲嘧啶 800g、大黄苏打片 1000g 拌匀饲喂，并在饮水中倍量添加电解多维和黄芪多糖，有助于缩短病程、提高疗效；对临床症状严重的病猪，可注射广谱、高效的抗菌药物（如阿奇霉素、氟苯尼考、替米考星等），配合应用免疫增强剂（如黄芪多糖注射液）、抗病毒药物（如病毒唑、金刚烷胺）、消炎、排毒、抗过敏药物（如地塞米松）进行治疗，体温升高者用复方氨基比林或柴胡注射液等退热药进行退烧。

第三节　自家组织灭活疫苗免疫疗法

王天奇（2004）、银梅（2006）、甘善化（2006）等提出，对采取各种措施还不能有效控制疫情的猪场，可考虑应用自家组织灭活苗。采集典型病死猪有明显病变的肺脏、脾脏、淋巴结，经福尔马林灭活后制成组织灭活苗。种猪全群基础免疫，每头肌注 3mL；但临产前 2 周内的重胎母猪推迟产后补免，经基础免疫后的母猪在产前 4 周再注射一次；仔猪 2 周龄免疫注射 1mL/头，2 周后加强免疫一次，2mL/头。甘善化（2006）还提出，用"感染物质"返饲母猪，即利用本场"感染猪"的粪便或组织器官切碎拌料饲喂母猪，尤其是初产母猪，以刺激产生主动免疫力，从而可使仔猪通过初乳获得被动免疫保护。这种方法不仅可以预防本病，而且对其它一些疾病也有较好的预防效果，但此法仅限于疫场内使用，切勿利用外场"感染物质"，否则会带入病原，引发严重后果。

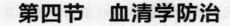

第四节 血清学防治

2001 年，法国的兽医师首先报道用血清疗法能有效控制 PMWS。他们首先在断奶仔猪的保育舍，随后又在分娩舍使用这种方法。此法在不同生产猪场取得了不同程度的成功。如 Marco（2002）报告，使用血清疗法后，死亡率分别从 10.7％和 22.2％降低至 3.6％和 6.4％；Sanchez（2002）报告从 16.2％降至 4.8％；Marco（2003a）报告从 5.5％降低到 1.5％。何芳（2004）、甘善化（2006）等提出，无菌采集本场老龄健康母猪或感染耐过的育肥猪血液，分离血清，加入适量的青链霉素后，放置在 2～7℃冰箱中保存备用。使用前每 100mL 血清再加 2.5％恩诺沙星注射液 6mL 摇匀后马上使用。仔猪断奶当天腹腔注射 5mL/头，3 周后再注射 10mL/头；发病猪注射 6～10mL/次，隔日 1 次，连用 3～4 次。陈泽金提出，使用前算好需要的血清量，每 500mL 血清中再加入 2.5％普杀平 30mL，摇匀后马上使用。仔猪 2 周龄每头腹腔注射 4～5mL，仔猪断奶当天，每头腹腔注射 6mL；另对病残猪隔天腹注血清 1 次，连用 3～4 次，6mL/头。

第五节 臭氧疗法

早在一百多年前，欧洲一些医生中已经开展使用臭氧发生器将氧电离用于治疗的临床实践活动。第一次报告则在晚些时候出现于 1920 年英国医学期刊 The Lancet。由于在那时世人对粒子物理世界的认识非常有限，这种使用电离氧的临床医疗当时被医生们称之为臭氧医疗（Ozone Therapy）。虽然臭氧医疗这种名称至今还在一部分医生当中被沿用，但其片面性已经越来越不能被大多数医生所接受，因为医学试验已经证实临床疗效并不与臭氧这种单一物质呈单纯的比例关系。此后，"O_2-O_3 混合气体（O_2-O_3 Gaseous Mixture）"等名词也相继被一些医

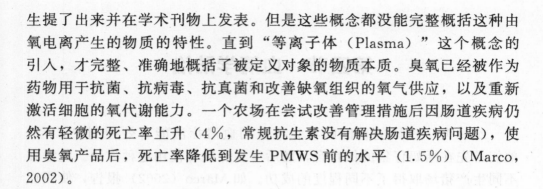

生提了出来并在学术刊物上发表。但是这些概念都没能完整概括这种由氧电离产生的物质的特性。直到"等离子体（Plasma）"这个概念的引入，才完整、准确地概括了被定义对象的物质本质。臭氧已经被作为药物用于抗菌、抗病毒、抗真菌和改善缺氧组织的氧气供应，以及重新激活细胞的氧代谢能力。一个农场在尝试改善管理措施后因肠道疾病仍然有轻微的死亡率上升（4%，常规抗生素没有解决肠道疾病问题），使用臭氧产品后，死亡率降低到发生 PMWS 前的水平（1.5%）（Marco，2002）。

第六节　问题与展望

PCV-2 作为一种新发现的病毒，与其有关的疾病已经成为世界养猪业的重要传染病，给养猪业带来巨大的经济损失。尽管世界许多实验室对 PPV 和 PRRSV 与 PCV-2 在致病方面的协同机制、该病毒对其所导致的各种疾病及 PMWS 的人工复制等方面进行了大量的研究，使我们获得了大量的相关知识，但我们对其分子生物学特性、病毒对动物免疫系统的影响、致病机理、有效的预防和控制该病毒引发的各种疾病，以及一些潜在的问题等方面缺乏全面系统的了解，因此，还必须对这些方面进行更详细、更深层次的研究。由于该病毒较广泛地存在于猪体内，与猪的健康密切相关，尤其是考虑可能用猪的器官进行人的异体移植时，更应当进一步加强对此病原体的研究。目前国内关于 PCV 的分子生物学和基因工程方面的研究鲜有报道，这也给国内的兽医科技工作者提出了一个新的课题。尽管我们相信，通过对 PCV-2 更深入的研究，最终将会发现一种有效的疫苗来预防此病，这对降低全球养猪业的经济损失起着不可估量的作用。但是，何时能研究出来应用于临床却遥遥无期。

PCV 感染虽然可导致免疫、呼吸、泌尿、消化等多系统的病变，但是其中对机体影响最大、占主导地位的是对免疫系统的损伤，免疫机能低下也是混合感染其他病原体的关键。中草药从根本上保护、协调畜禽的整体健康，增强机体的免疫功能，调节体内有益微生物群落，充分发挥和提高机体本身预防疾病的潜在能力。广东某生物制药有限公司生产的五环散，按照中兽医"上工治未病"的防治原则，其中药精华由精选数种地道中药，根据扶正祛邪、清热解毒、活血祛瘀、醒脾健胃的原则组成，数十年的临床使用证明，具有很强的扶正作用，可全面提高机体的免疫功能，抵抗多种病毒和细菌的攻击，有确切的广谱抗病毒和抗菌作用。如黄芪多糖是已被确认的强效免疫增强剂，对感染的圆环病毒和其他病原体对损伤的免疫系统的康复起决定性作用；山楂开胃、养胃，促进食欲，可改善机体的消化功能；板蓝根清热解毒、凉血利咽，具独特的抗病毒机理和抗病毒作用，是常见病毒问题理想的预防和辅助治疗中药；甘草抗病毒、解毒、矫味，针对目前养殖过程中滥用药、长期用药造成的对畜禽机体的毒性，尤其是对肝、肾的破坏，有解毒作用，并强化机体免疫功能。牟水元提出防治PMWS的中药方可用黄芪150g，党参、金银花、连翘各50g，黄芩100g，麻黄、桔梗、远志、甘草各25g，每次煎水1000mL，煎熬1h，共煎3次，每千克体重口服1mL，每天1次，连用7d为一疗程。陈中远等用"败毒益佳能"治疗混合感染有一定疗效。

由于复方中草药的功效非常复杂，对动物有多方面的作用，添加量也就很难精确控制。因此，本研究对豫西地区断奶仔猪多系统衰竭综合征进行调查，全面系统地了解各年龄段发病情况，并对该病的脾、肝、肾、淋巴结、扁桃体等进行病理组织学、免疫病理学研究，在中兽医"正气存内，邪不可干""邪之所腠，其气必虚"理论的指导下，按照"扶正祛邪"的防病原则，选用紫河车、黄芪、白术、苍术、板蓝根等药物，应用中药多功能粉碎机和超微粉碎机进行超微粉碎，将中药细胞破壁，使有效成分充分析出，制成适合动物生产应用的饲料添加剂，在断奶仔猪饲料中添加，观察其预防断奶仔猪多系统衰竭综合征的效果，并研究其对仔猪生产性能和免疫功能的影响，旨在预防断奶仔猪多系统衰竭综合征，探讨中药防病、促生长和提高机体抗病力的作用机理，为控制断奶仔猪多系统衰竭综合征的发生，为中药超微粉饲料添加剂的临床推广应用提供科学依据。

第十二章

疫苗研究进展及应用

第一节 疫苗研究进展

疫苗的免疫接种是防控 PCV2 感染的有效手段，国内外学者已在 PCV2 疫苗研制方面开展了大量的研究。目前商品化的疫苗有灭活苗和亚单位疫苗，并在 PCV2 活载体疫苗、DNA 疫苗和标记疫苗等研制方面也有突破性的进展。本章概述了近年来有关 PCV2 疫苗研究取得的进展，以期为新型疫苗的研制提供思路，以期给大家提供更多的选择，为大家防控该病提供技术支持。

一、单苗研究进展

单苗是一种预防单一疾病的疫苗，具有对特定疾病专一性的特点。由于圆环病毒对各种消毒剂都有很强的抵抗性，猪场很难将其净化，预防该病的首要措施是采用疫苗进行预防接种。在疫苗研发方面，主要有灭活疫苗、弱毒疫苗、亚单位疫苗、核酸疫苗等。迄今为止，国外现有 5 种商用疫苗上市，其中 3 种为亚单位疫苗。

病毒样颗粒（virus-like particles，VLPs）是由病毒单一或多个结构蛋白自行装配而成的高度结构化的蛋白质颗粒，保持了病毒抗原蛋白的天然构象，因而具备激发宿主先天和适应性免疫反应的功能。在形态上，VLPs 类似未成熟的病毒粒子，但是由于缺乏调节蛋白和感染性核酸，无复制和感染能力。在过去的三十年中，病毒样颗粒技术应用逐渐广泛，尤其在疫苗领域。猪圆环病毒病毒样颗粒疫苗是通过把猪圆环病毒的主要抗原基因导入到表达载体中进行高效表达，然后把表达的免疫原性蛋白（CAP 蛋白）组装成病毒样颗粒而制成的基因工程亚单位疫苗。与传统猪圆环病毒灭活疫苗相比，猪圆环病毒病毒样颗粒疫苗具有不可比拟的优点。苗配思（2017）主要探索了可以形成病毒样颗粒的 PCV2 全长 Cap 蛋白在原核表达系统中的表达，并将表达的目的蛋白制成病毒样颗粒疫苗，以小鼠为模型评价该颗粒疫苗的免疫原性。通过原核系统表达的 PCV2 Cap 蛋白与铝胶佐剂混合，制成了 PCV2 病毒样颗粒疫苗。使用含有 $40\mu g$ Cap 蛋白的该病毒样颗粒疫苗免疫小鼠，免疫后两周可在血清中检测到高水平的特异性抗体，证明该病毒样颗粒疫苗具有很好的应用前景。

灭活苗是指将接种有 PCV2 的细胞培养物、组织等经过理化手段处理，使其保留免疫原性，但丧失感染性，与佐剂乳化后制备而成。这种疫苗相对安全、性能稳定、易于保存、运输。法国梅里亚公司早在 2004 年研制出全病毒灭活疫苗 Circovac，价格昂贵，主要用于母猪免疫，其母源抗体可使仔猪在 5 周内避免被 PCV2 感染，有效降低毒血症及淋巴结损伤，仔猪更容易健康度过脆弱的断奶应激期及保育前期。美国富道动保公司利用 PCV2 的 ORF2 片段置换不致病的 PCV1 中的 ORF2 片段，研制出的 PCV1 与 PCV2 嵌合型全病毒灭活疫苗 Suvaxyn-PCV-2onedose，具有与 PCV2 类似的免疫原性，主要用于仔猪免疫，在抑制病毒、减少病毒血症方面具有明显的优势，可有效降低淋巴组织损伤，提高仔猪成活率。目前，国内的圆环疫苗生产企业有十多家，主要为全病毒灭活疫苗，都能有效刺激猪体产生较强的免疫力，抵抗 PCV2 的感染。主要毒株有 SH 株、LG 株、WH 株、DBN-SX07 株、ZJ/c 株，均属于 PCV-2b 分支，故从本质上讲这几个 PCV2 毒株是没有区别的。国产灭活疫苗上市较晚，疫苗效果需在各大猪场的实践中进一步检验。采用人工培养的方法大量繁殖免疫原性好的病原微生物，经灭活、浓缩后按一定比例加入佐剂制成的疫苗，称为灭活疫苗，该疫苗可由病原微生物的完整个体组成，也可由其某些片段组成。灭活疫苗具有无毒、无害、效果稳定的优势。国内外对猪圆环病毒灭活疫苗的研究已取得了巨大进展。法国梅利亚公司研究、开发的 PCV2 油包水乳剂灭活疫苗，在欧洲一些国家已注册上市，免疫后备母猪或经产母猪，仔猪可通母源抗体获得保护，实验和临床证明，该疫苗有较好的效果，可减少感染、排毒，减轻临床症状，国内现有多种自主研发的猪圆环病毒常规灭活疫苗获准生产上市。潘杰（2017）等用 Montanide ISA 206 VG 佐剂制备水包油包水（W/O/W）剂型疫苗；分别用 Montanide ISA 15AVG 和 ISA 35VG 佐剂，制备水包油剂型（O/W）剂型疫苗；用 Montanide IMS 251C VG 佐剂，制备水（W）剂型疫苗，上述结果表明，ISA 206VG（W/O/W）PCV2 灭活疫苗（Yz株）对仔猪具有较好的免疫保护效力。然而 Madson 等发现 PCV2 的垂直传播同样存在于免疫后的母猪。怀孕母猪单纯感染 PCV2 后并不一定出现繁殖障碍，但与胎儿的感染有一定的联系。PCV2 疫苗可以使怀孕母猪产生中和抗体和抗 PCV2 抗体，但是不能阻止垂直传播。同时，母猪接种疫苗也不能防止其初乳中的 PCV2，这也是垂直传播的另一种途径。此外，在分娩前子宫内具有免疫活性的胎儿能够清除 PCV2 的感染。该疫苗是将 PCV2 感染的细胞培养物通过理化方法处理，使其丧失感染性但仍保持良好的免疫原性，加入佐剂乳化制备而成。该类疫苗具有使用安全、易于保存、性能稳定等优点。在国内，中国农业科学院哈尔滨兽医研究所刘长明（2012）研究员成功研制出中国首例 PCV-2 灭活疫苗（LG 株），该疫苗具有抗原含量高、免疫原性强、安全性好、抗母源抗体干扰及免疫效果好等优点。目前，国内共有 22 家企业获得 PCV-2 全病毒灭活疫苗新兽药证书，22 家企业批准签发。毒株包括 LG 株、SH 株、DBN-SX07 株、ZJ/C 株和 WH 株 141，这些疫苗的成功研制和应用对防控我国 PCV2 感染发挥了重大作用。全病毒灭活疫苗是利用甲醛等试剂将 PCV2 的全病毒毒株灭活后加入佐剂而制备的，有免疫原性好、保护力确切等优点。法国梅里亚动物保健公司研发的 PCV2 油包水乳剂全病毒灭活疫苗，于 2007 年 9 月在欧洲获得批准文号。该疫苗在 5 周内能有效抵抗 PCV2 的侵袭，可减少感染、排毒和减轻临床症状。国内于 2010—2011 年陆续上市一批全病毒灭活疫苗，有福州大北农与成都天邦开发的猪圆环病毒 2 型灭活疫苗（DBN-SX07 株），江苏南农高科与洛阳普莱柯生物工程股份有限公司开发的猪圆环病毒 2 型灭活疫苗（SH 株），上海海利生物药品有限公司和中国农科院哈尔滨兽医研究所、哈尔滨维科生物科技有限公司联合研发的猪圆环病毒 2 型灭活疫苗（LG 株），浙江大学开发的 ZJ/c 株等。

弱毒苗可刺激机体产生细胞免疫、体液免疫和黏膜免疫，免疫力持久，但其储存和运输需在冷冻条件下，且存在毒力返强的风险。Fenaux（2004）等将 PCV2 在 PK15 细胞上传至 120 代时，发现病毒滴度较第 1 代有所提高。将其接种猪后，免疫猪血液病毒载量明显下降，且所造成的组织损伤明显减弱，眼观和病理组织学变化也更轻。这表明体外传代可促进 PCV2 在细胞内的繁殖能力，并能减弱其致病力，这为研制 PCV2 弱毒疫苗提供了科学依据。但是，国内外对 PCV2 弱毒苗的研究尚不多，此研究为 PCV2 弱毒苗的研发提供了一定的启示。经全基因组序列分析，发现 PCV2 传至 120 代后，在衣壳蛋白基因中有两处发生突变，氨基酸水平上体现为 P110A 和 R191S，表明这两处突变可显著提高 PCV2 的体外生长力，并降低其毒力。该发现对 PCV2 弱毒疫苗的开发研究具有重要意义。弱毒苗一般可通过 3 种方法获得：一是由自然环境或感染动物中直接分离培养出来；二是由自然分离的强毒株经连续传代或理化手段处理，获得毒力较低的毒株；三是通过基因工程方法将强毒力基因敲掉或者重组，从而得到弱毒株。弱毒疫苗又称减毒活疫苗，是将病原体的致病力通过自然筛选或人工致弱等方式减弱制备而成。尽管该类疫苗的毒力已经致弱，但仍然保持着原有的免疫原性，并能在动物体内繁殖刺激动物机体免疫系统，从而诱导产生坚实的免疫力和持久的保护力。但是，目前国内外市场上还没有商品化的 PCV2 弱毒疫苗，主要原因可能与病毒毒力易返强、致弱毒株毒力评价困难等因素有关。

亚单位疫苗只含有病原微生物的抗原成分，而不含有核酸，可刺激机体产生特异性免疫应答，勃林格公司开发的 PCV2 亚单位疫苗 Ingelvac CircoFlex 在美国的田间实验结果表明，免疫猪在育肥期死亡率从 9.5％下降至 2.4％。目前的亚单位疫苗就是将 ORF2 基因重组到真核或者原核表达系统中，通过大量培养杆状病毒和大肠杆菌而获得 Cap 蛋白，与佐剂乳化后制备成亚单位疫苗。勃林格公司研制的 PCV2 亚单位疫苗就是基于昆虫杆状病毒表达系统，适用于 3～4 周龄仔猪，实际应用中为避免支原体疫苗和猪瘟疫苗干扰，常接种于 2 周龄左右仔猪。从我国许多猪场的实际免疫效果来看，接种猪群在育肥期死亡率下降，料肉比降低，应用比较广泛。我国青岛易邦公司将 ORF2 基因插入大肠杆菌原核载体中，利用大肠杆菌表达病毒样颗粒抗原，制备成的亚单位疫苗能高效诱导机体产生良好的体液免疫与细胞免疫，但是原核表达易出现包涵体等固有的劣势，其产品效果还需市场进一步检验。采用乳酸菌作为递呈载体来表达 PCV2 抗原蛋白（cap 蛋白）从而制成口服疫苗，免疫小鼠后，可在其血清中检测到 PCV2 特异性抗体的显著提高。用大肠埃希菌/酵母穿梭载体 pYES2 表达的 PCV2cap 蛋白，也能在小鼠体内诱导抗 PCV2 的抗体。PCV2 cap 基因的噬菌体表达系统产物免疫猪可产生针对 PCV2 的特异性中和抗体。Fenaux M（2004）等应用基因工程方法，构建了 PCV-1 和 PCV-2 相互嵌合的感染性克隆，对其免疫原性和致病性进行了研究，发现将 PCV-2 的 ORF2 基因克隆进 PCV-1 基因组中，对猪的致病性小于 PCV-2 基因组，并可诱导机体产生 PCV-2 核衣壳蛋白抗体，但是对猪的免疫反应性一般。采用大肠埃希菌表达系统和杆菌属的减毒菌株支气管炎博德特菌表达系统表达的 PCV2 cap 蛋白，提纯接种小鼠和猪后，可在其血清检测到 PCV2 特异性抗体。目前采用细菌表达系统研制 PCV 亚单位疫苗已取得了很多工作成果，市场上逐渐开始了该类疫苗的销售。Cap 蛋白是 PCV2 的主要结构蛋白和免疫保护性抗原，能刺激动物机体产生针对 PCV2 的特异性免疫应答，是研制 PCV2 基因工程亚单位疫苗的理想靶抗原。常用于 PCV2 亚单位疫苗生产的表达系统主要是昆虫细胞/杆状病毒表达系统。目前国外注册上市的 PCV-2 亚单位疫苗有 3 种，分别是勃林格公司研制的 Ingelvac CircoFLEX、英特威公司研制的 Cir cumvent，以及先灵葆雅公司研制的 Porcilis 亚单位疫苗。国内武汉中博生物股份有限公司的圆环力康和青岛易邦生物工程有限公司的易圆净也已注册上市。此外，国内科研人员在 PCV-2 亚单位疫苗研发方面开展了许多工作。刘长明（2012）等采用昆虫杆状病毒表达系统成功表达 PCV2Cap 蛋白，Western blot 检测结果显示重组 Cap 蛋白与 PCV2 阳性血清发生特异性反应，证实该重组蛋白具有良好的免疫活性反应。张家明（2010）采用 Bac—to—Bac 杆状病毒表达系统成功表达 PCV2Cap 蛋白。由 Cap 蛋白制备的亚单位疫苗免疫小鼠后能诱导产生抗 PCV2 的特异性抗体，表明表达的 Cap 蛋白具有良好的免疫原性。勃林格殷格翰动物保健公司、英特威/先灵葆雅动物保健公司生产的 PCV2 亚单位疫苗是利用昆虫杆状病毒表达 PCV2 的 ORF2 基因，获得具有免疫原性的 PCV2 的 Cap 蛋白，再加入佐剂制成，含有病原微生物的抗菌抗原成分，不含有核酸。国内研究者近年来开展了大量的 PCV2 亚单位疫苗研发工作，张永武（2016）等利用 Bae—to—Bac 杆状病毒表达系统成功表达了 PCV2 的 Cap 蛋白，能诱导产生特异性抗体，证明亚单位疫苗能有效地为仔猪提供保护。Cap 蛋白是 ORF2 编码的 PCV2 的主要结构蛋白，其能刺激动物机体产生针对 PCV2 的特异性免疫应答，是研制 PCV2 基因工程亚单位疫苗的理想靶抗原。目前常用昆虫细胞或杆状病毒表达系统制备 Cap 蛋白。高质量的猪圆环疫苗产品需要具备四大条件：抗原滴度高、抗原纯度高、具有先进的乳化工艺以及卓越的佐剂与优良的通针性，尤其是抗原的纯化技术和佐剂的选择。勃林格殷格翰用独有的纯化工艺将Cap 蛋白与非特异性蛋白分离，形成形态、大小与活病毒相同的、具有高度免疫原性的纯化抗原。免疫机体后产生快速、高效和持久的免疫反应，非常安全、稳定，并具有卓越的通针性。商品猪群只免疫一针，免疫保护期 4 个月。2017 年普莱柯公司成功突破"可溶性蛋白的表达、高纯度 Cap 蛋白获取、病毒样颗粒组装"三大技术难题，研制成功国内首个真正意义上的纯病毒样颗粒猪圆环病毒 2 型基因工程亚单位疫苗（大肠杆菌源）圆柯欣。该疫苗采用蛋白质层析技术纯化蛋白，将蛋白纯度做到极致，达到 95％以上，实现上市产品每头份疫苗中 PCV2 Cap 蛋白含量在 100g 以上。此外，通过采用独特的病毒样颗粒组装工艺，制备出无致病力、结构上仍然具有原病毒特征、能刺激机体产生良好免疫应答的病毒样颗粒（VLPs）。同时研发了国际先进的专利水性佐剂，该佐剂采用胶体高分子交联共聚物为材料制备成纳米微球，微球内部为空间网状结构，具有高效吸附抗原从而实现长效缓释、高效募集免疫细胞的作用。使用该佐剂疫苗通针性好、易注射，免疫后易吸收、副反应小，免疫后 7d 产生抗体，且免疫持续期超过 6 个月。生产试验表明，注射圆柯欣的仔猪保育阶段结束后，经统计，在头均净增效益方面，普莱柯组比国产苗全病毒灭活苗组多增 2289.74 元，头均净增效益则为55.17 元，差异显著，证明了普莱柯亚单位苗在控制生产成本和提高经济效益中有明显优势。从目前国产猪圆环疫苗的产品特点来看，乳化工艺与抗原滴度标准已经达到勃林格殷格翰公司的水平，在抗原纯度和佐剂的运用方面各家厂商有所差异。综合来看，高端纯化工艺和优质佐剂对于猪圆环疫苗的产品品质具有决定性影响，这也是国产猪圆环疫苗厂商重点研发的方向。PCV2 的基因组共编码 11 个开放阅读框架（ORFs），其中功能上重要的是 ORFl 和 ORF2。ORFl 编码与病毒DNA 滚环复制相关的蛋白（Rep）；ORF2 编码病毒的唯一结构蛋白（Cap），构成病毒的核衣壳，并且编码的该蛋白能与宿主细胞受体结合，是病毒主要的免疫原性蛋白，能刺激机体产生抗体，明显降低免疫猪的发病率，PCV1 与 PCV2 的 Cap 蛋白没有抗原交叉性，是 PCV2 血清学检测的首选基因。进入国内的主要为勃林格殷格翰动物保健公司的杆状病毒载体 VP2 Cap 亚单位疫苗，具有明显预防效果，但其价格昂贵。截至目前国内注册生产的均为猪圆环病毒 2 型灭活疫苗，亚单位疫苗尚无注册记录，但已采用不同的表达载体广泛开展亚单位疫苗的研究，大肠杆菌表达系统具有遗传背景清楚、培养操作简单、转化效率高的优点，可强有效地表达异源蛋白，多种活性蛋白通过此系统表达获得，广泛应用在医疗领域。大肠杆菌表达的外源蛋白有两种类型，即可溶性和非可溶性（包涵体），多数研究者更倾向于可溶性蛋白的表达，但存在易被降解的缺点。为了提高可溶性蛋白的含量，一般采取两种方法，一是通过降温或限制营养物添加量降低启动子的表达能力，从而增加了表达蛋白的可溶性，但并不完全有效。另外一种方法是使用融合标签，研究表明某些高度可溶的蛋白质在与其它易形成包涵体的蛋白质融合后会促进融合蛋白质以可溶形式表达或者增加表达蛋白的稳定性，例如多聚组氨酸标签、S 谷胱甘肽 s 转移酶（GST）J、SUMO 已用于表达 PCV2Cap 蛋白，这些融合标签将为进一步的蛋白浓缩、提纯、检测等提供便利，同时也可以有效抑制宿主蛋白酶的降解活性。外源基因在载体中重组表达时，其自身序列就是影响表达水平的一个重要因素。PCV2Cap 蛋白 N 端前 41 个氨基酸是其核定位序列（NLS），它在病毒感染、复制等过程中起着重要作用。NLS 含有较多的精氨酸，蛋白疏水性较强，全长序列很难在原核表达系统中表达，所以对该片段的优化重组是研究者们采取的一致做法。此外，研究揭示 NLS 对其表达产物病毒样颗粒（VLPs）的形成及中和抗原特性有重要影响，所以一些研究者认为大肠杆菌表达系统不太适合表达 PCV2 Cap 蛋白，现多用作诊断试剂的抗原。巴斯德毕赤酵母表达系统是基因工程研究中广泛使用的真核表达系统，与现有的其它表达系统相比，它不但克服了大肠杆菌表达系统不能表达结构复杂的蛋白质、大量表达易形成包涵体等缺陷，还可以弥补昆虫细胞表达系统操作复杂、生产成本高的缺点。当分泌表达时，有自身分泌少、易于对外源蛋白纯化等诸多优点。随着基因工程技术的发展，已从最初用于毕赤酵母表达的野生型菌株 NRRL-Y-11430 改造衍生出多种用于外源蛋白表达的毕赤酵母菌株，如野生型 X33 及组氨酸缺陷型菌株 GSl 15、KM71 等。其中应用最广泛的宿主菌为 GSl 15，为了避免分泌型表达的外源蛋白被酵母自身分泌的蛋白酶所降解，还可以选蛋白酶缺失型菌株，如 SMDl 163、SMDl 165 和 SMDl 168，至于选取何种类型来表达外源蛋白更好没有确定说法，需要根据实际研究条件预先筛选考察。由于 Cap 蛋白 N 端的 NLS 序列含有酵母的稀有密码子，影响酵母外源蛋白的高效表达，Tu（2013）等将密码子优化的衣壳蛋白基因克隆到酵母 GSll5 表达载体 pPIC9K 中，转化后的重组菌在摇瓶培养 96h，表达的胞内可溶性 Cap 蛋白达到 $174\mu g/mL$，能被 PCV2 阳性血清识别，免疫仔猪可诱导强的抗体，不足之处在于非胞外表达，需要裂解细胞壁。Silva（2014）等将密码子优化后的 PCV2 衣壳蛋白基因克隆到 pPICZetA 载体，转入毕赤酵母 X33 做胞外表达，摇瓶培养 72h，上清中重组蛋白含量达到 $140\mu g/mL$，间接 ELISA 结果表明重组表达产物具有良好的抗原性，可望用于 PCV2 感染监测和疫苗研制。由于甲醇有毒性、易挥发、易燃，在生产中受到限制，也有研究者以毕赤酵母 X33 为受体菌，pGAPZ 作为表达载体，该载体由 GAP 启动子启动外源基因表达，以葡萄糖作为碳源，但蛋白表达量低，有待提高。Ding（2014）等用 GSll5（pPICZct ORF2）重组毕赤酵母，在 10L 发酵罐中流加补料培养表达重组 Cap 蛋白，共培养约 75h，Cap 蛋白浓度达到 $198mg/L$，比传统培养策略获得的结果高 64%，是作为疫苗生产在产业化方面的探索。酵母表达系统的不足之处在于培养时间较长，容易污染。杆状病毒载体表达系统（BEVs）使用一个或多个启动子，将外源目的基因插入到启动子下游，获得重组病毒，这种重组病毒在昆虫细胞或虫体内复制的同时，使外源基因得到表达。采用昆虫杆状病毒表达系统研制 PCV 亚单位疫苗在产业化方面领先一步，率先取得了成功。目前，商业用的 Cap 蛋白亚单位疫苗（勃林格殷格翰动物保健公司的 PCV2 疫苗和英特威先灵葆雅动物保健公司的 PCV2 疫苗）使用杆状病毒-昆虫细胞表达系统，制备的疫苗可有效降低仔猪体内的病毒含量、减少淋巴组织的损伤、降低死亡率，在防控 PCV2 感染起到积极作用。然而其昂贵的疫苗价格限制了其广泛的应用，国内在这方面虽做了不少研究工作，但并未实现产业化。李玲（2011）等应用 Bac—to—Bac 杆状病毒-昆虫细胞表达系统，构建了重组杆状病毒用于 PCV2 Cap 蛋白的表达，结果表明表达蛋白具有正确的结构和功能，在透射电子显微镜下能够看到直径约为 17nm 的 VLPs，VLPs 在培养上清中的大量存在，为目的蛋白进一步的分离和纯化提供了便利，也为 PCV2 基因工程疫苗的产业化奠定了基础。叶昱等构建圆环病毒基因杆状病毒双表达系统 BV-GD-ORF2，可同时表达 PCV2 衣壳蛋白和疱疹性口腔炎病毒糖蛋白（VSV-G），免疫小鼠可诱导高水平的体液和细胞免疫反应。

郎洪武（2000）等成功构建可表达 PCV2 VLPs 的重组杆状病毒-家蚕表达体系，利用表达的 Cap 蛋白制备亚单位疫苗免疫小鼠，试验结果表明，制备亚单位疫苗能刺激小鼠和仔猪产生特异性抗体，且可以有效地抑制 PCV2 在小鼠和仔猪体内的复制，与勃林格殷格翰动物保健有限公司生产的猪圆环病毒 2 型杆状病毒灭活疫苗对照组相当。说明家蚕表达的 PCV2 Cap 蛋白具有良好的免疫原性，具有开发成猪圆环病毒 2 型疫苗的潜力。PRV 属于疱疹病毒科 d 疱疹病毒亚科成员，基因组大小约 150kb，含有多个非必需基因。PRV 基因缺失疫苗的成功应用，使该病在世界范围内得到有效控制。目前以 PRV-Bac 系统为载体表达其它病原主要保护性抗原基因已成为基因工程活载体疫苗研究的热点。邓晓辉（2012）等通过口蹄疫病毒（FMDV）2A 蛋白基因将 PPV VP2 基因和 PCV2 Cap 基因串连，替换 PRVgE 基因构建了表达这两种病毒主要保护性抗原的重组 PRV 细菌人工染色体，继而在 BHK-21 细胞中拯救获得了重组病毒 Rprv-V2C-agE，对其在 BHK-21 细胞上的生物学特性进行了初步研究，Western blot 显示两种外源蛋白均获得表达，因临床上 PRV、PCV2 和 PPV 经常混合感染，采用活病毒载体表达 PPV VP2 基因和 PCV2 ORF2 基因，对生产实践具有重要的意义。Chi（2014）等构建 gE 缺失 PRV 重组病毒表达 Cap 蛋白，表达的蛋白可自组装成 VLPs，对 PRV 自身的复制没有影响，可以获得高滴度的 PRV 培养物及 Cap VLPs，用纯化的 VLPs 免疫小鼠和豚鼠，可诱导产生明显的 Cap 蛋白特异性抗体，结果表明可以作为亚单位疫苗的候选。黏膜免疫近期成为热点，腺病毒载体作为基因转移工具被广泛应用在许多动物模型中，既是传递重组抗原的优良系统，又是对传统疫苗的可行性替代（Adam 等，1995）。张艳萍（2011）等通过定点诱变技术，获得 ORF2 的突变基因片段，并连接到腺病毒真核表达载体 pAD5B1He 中，成功构建真核表达载体，转染 AD293 细胞，并获得 PCV2 的 Cap 蛋白表达产物，能被抗 PCV2 单克隆抗体识别，为猪圆环病毒病疫苗的研究特别是构建良好有效的基因工程疫苗奠定了基础。还有研究者采用重组黄瓜花叶病毒（Cucumber mosaic virus，CMV）表达系统表达 PCV2 衣壳蛋白抗原表位，所表达衣壳蛋白饲喂小鼠和猪能够引起特定免疫反应，攻毒试验可部分保护，说明采用植物表达抗原是可行的，为开发基于植物病毒表达系统的黏膜疫苗提供了一种有效的方法，为研究价廉的

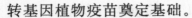

转基因植物疫苗奠定基础。

PCV2 标记疫苗是指应用 DNA 重组技术将分子标记插入 PCV2 基因组中而研制的一类新型的重组疫苗，该类疫苗毒株可与野毒株相区别。Beach（2011）等将 CLU 或 KT3 标签定向克隆至 PCVl2 嵌合病毒 Cap 蛋白的 C 末端，成功构建了 2 种带分子标记的 PCVl2 嵌合病毒，并证实其能在 PKl5 细胞上增殖，试验感染猪后能在血清中检测到 PCV2 中和抗体和抗 GLU 或 K 的特异性抗体。Huang（2011）等将 V5 标签插入 PCV2 Cap 蛋白的 C 末端，成功构建了表达 V5 标签插入的 PCV2 重组病毒。并证实重组病毒和亲本毒株具有相似的生物学特征。用重组病毒免疫小鼠后能诱导产生 PCV2 中和抗体和抗 V5 标签的特异性抗体。这些研究结果表明，带 GLU 或 K13 标签的 PCV2 嵌合病毒或带 V5 标签的 PCV2 重组病毒有望作为研制 PCV2 标记疫苗的候选疫苗株，为临床区分 PCV2 自然感染和疫苗免疫奠定了坚实的基础。

重组 PCV2 活载体疫苗。利用基因工程方法对细菌和病毒进行改造，使之成为活体重组疫苗，克服了常规疫苗的缺点，兼有活疫苗和死疫苗的优点，在免疫效力上很有优势。Song（2007）等通过将 ORF2 基因插入中间转移载体，构建了能成功表达 Cap 蛋白的重组伪狂犬病毒，用该重组病毒免疫 4 周龄仔猪，能够产生显著的免疫反应，可诱导针对 PCV2 与 PRV 的中和抗体生成，以及 PCV2 特异性的淋巴细胞增殖反应。另外，还有学者通过构建 PCV2 腺病毒载体、猪繁殖与呼吸综合征病毒载体疫苗免疫猪，都不同程度地减轻了免疫猪的病理变化及毒血症，显示了 PCV2 活载体疫苗的应用前景。

腺病毒活载体疫苗。由于腺病毒作为基因转移载体具有宿主范围广、插入外源基因能力强、表达外源基因效率高、能对外源蛋白进行精确修饰等优点，已广泛应用于基因工程疫苗研发领域。Wang（2006）等成功构建了表达 PCV2 ORF2 基因的重组腺病毒 rAd-Cap，然后通过动物免疫保护试验评价 rAd-Cap 对仔猪的免疫保护效果，结果发现，在首免后 37d 即能检测到抗 PCV2 的高水平 ELISA 抗体和病毒中和抗体，免疫仔猪的相对日增体重量率显著高于攻毒对照组，而组织损伤程度和病毒血症的发生率却明显低于攻毒对照组。由此可见，表达 Cap 蛋白的重组腺病毒能诱导动物机体产生针对 PCV2 的特异性免疫应答、保护动物抵抗 PCV2 感染，是一种具有潜在应用价值的 PCV2 候选疫苗。然而，由于腺病毒不能整合到靶细胞的基因组 DNA 中，不能形成外源基因的稳定表达，而且腺病毒的靶向性差、首过效应强等，只有对腺病毒载体不断进行改进和完善，才能充分发挥其潜在的应用价值。

伪狂犬病毒活载体疫苗。伪狂犬病毒基因组是线状双链 DNA 分子，大小约 150kb，含有许多病毒非必需基因，可以插入和表达多种病原体的免疫保护性抗原基因。伪狂犬病毒具有稳定、免疫原性持久、缺失毒力基因安全性好、能诱导动物机体产生持续的体液免疫与细胞免疫应答等优点，该病毒已逐渐发展成为哺乳动物细胞系统的高效表达载体之一。广泛应用于基因工程药物和基因工程疫苗的开发和研制等领域。Ju（2005）等成功构建了表达 PCV2 ORFI-ORF2 融合蛋白的重组伪狂犬病毒 PRV-PCV2，Western blot 试验证实 ORFl-ORF2 融合蛋白在重组病毒中正确表达，用 PRV-PCV2 免疫小鼠后，能在小鼠体内诱导产生抗 PRV 和 PCV2 的特异性抗体，保护小鼠抵抗 PRVEa 强毒株攻击。由此可见，重组伪狂犬病病毒能诱导动物机体产生针对 PRV 和 PCV2 的特异性免疫应答，保护动物抵抗 PRV 和 PCV2 感染，与重组腺病毒相比，能在猪体内很好地繁殖。因此，在 PRV-PCV2 二联活载体疫苗研制方面具有巨大的潜力和应用价值。

杆状病毒载体疫苗。杆状病毒表达系统是目前比较成熟的表达系统之一，具有安全无毒、外源表达量高、可以对蛋白进行翻译后修饰等优点，已成功用于多种蛋白的生产和疫苗的制备。Fan 等（2007）成功构建了一种杆状病毒 BV-G-CMV，随后，将 PCV2 ORF2 基因定向插入 BV-G-CMV CMV-IE 启动子下游，转染 St9 昆虫后获得了重组杆状病毒 BV-G-ORF2，Westernblot 与流式细胞术检测结果显示 BV-G-ORF2 能在 PKl5 细胞中高效表达 Cap 蛋白，能诱导小鼠产生抗 PCV2 特异性 ELISA 抗体、中和抗体及细胞免疫应答，展现出比 PCV2 DNA 疫苗更强的免疫原性。BV-G-CMV 作为基因转移载体具有操作简单、病毒易培养、无毒性、免疫原性强及宿主体内不存在抗杆状病毒的抗体等优点，因此，杆状病毒可用于新型 PCV2 活载体疫苗的研究。

其他重组 PCV2 活载体疫苗。除了以上提到的研究较多的重组 PCV2 活载体疫苗外，目前研究较热的还有猪痘病毒载体疫苗、猪繁殖与呼吸综合征病毒载体疫苗、噬菌体载体疫苗、乳酸菌口服活载体疫苗、博德特氏菌载体疫苗和酵母表达系统疫苗。这些疫苗的载体不仅有病毒，还有细菌，不仅有原核细胞，还有真核细胞，极大地丰富了重组PCV2活载体疫苗的种类。

与传统的灭活疫苗、亚单位疫苗和基因工程疫苗相比，核酸疫苗因制备简单、免疫应答持久、应用安全、储存运输方便等优点，得到了广泛的研究。PCV2核酸疫苗一般通过2种方法获得：一是将PCV2的整个基因组提取出来，直接免疫接种动物机体；二是将ORF2基因重组到真核表达载体中构建出质粒作为免疫原接种动物机体。国内外许多学者将PCV2基因或ORF2基因重组到真核表达载体中，作为核酸疫苗直接免疫小鼠，均可诱导产生针对PCV2的特异性抗体，显示了较好的应用前景。构建含有外源抗原基因的重组质粒，免疫动物后，表达的特异性抗原蛋白通过与MHC-Ⅰ类或MHC-Ⅱ类抗原分子结合，刺激机体产生特异性免疫应答，该类疫苗称为核酸疫苗，又名DNA疫苗。研究表明，将含有PCV2基因的核酸疫苗免疫猪和小鼠或将含有PCV2cap基因的DNA疫苗免疫猪，均可产生特异性免疫应答反应。KamstrupS等为了进一步探索衣壳蛋白免疫预防的适用性，采用了pcDNA3.1/V5-His/TOPO真核表达载体克隆了PCV-2的ORF2基因，并证实了此质粒能够在体外（通过直接表达蛋白）以及体内（通过对小鼠用基因枪注射质粒，诱导小鼠免疫产生抗体）进行表达，免疫试验结果表明，所构建的核酸疫苗均能诱导小鼠产生一定的体液免疫和细胞免疫反应。肌内直接注射包含有嵌合型病毒PCV1-2a基因组的质粒DNA，同样可以诱导猪产生保护性免疫。宋云峰等构建了含有PCV2ORF2基因的真核表达载体pCDNA3.1（+），将其作为DNA疫苗免疫小鼠，产生了针对ORF2的体液免疫抗体。国内金宁一等制备了PCV2DNA疫苗，免疫小鼠后，可产生保护性的细胞免疫和体液免疫。核酸疫苗作为一种新型的基因工程疫苗，因免疫效果好、免疫应答持久、制备简便、稳定性强、安全性好、成本低廉、适于规模化生产等优点，现已成为疫苗学领域研究的热点。Sylla（2014）等成功构建表达Cap蛋白的重组质粒pEGFP-Cap，共分三次免疫BALB/c小鼠。结果发现小鼠血清中存在高水平的抗Cap蛋白特异性抗体IgG和细胞因子（IFN-1和IL-10）。攻毒实验发现，pEGFP-Cap免疫组能够抵抗PCV2的攻击，PCV2病毒载量明显减少，小鼠临床症状和病理变化明显减轻。尽管核酸疫苗具有诸多优点，但外源基因在体内的表达调控及其在体细胞中的转移可能会产生意外的免疫病理反应等瓶颈问题使得目前绝大部分核酸疫苗的研究还仅局限于实验室。核酸疫苗原理是将携带有免疫原编码基因的真核表达质粒直接导入动物体内，通过宿主细胞的表达系统合成免疫原蛋白，进而诱导免疫应答。含 PCV2 ORF2 基因的质粒载体能够诱导仔猪产生抗 PCV-2 感染的保护性免疫应答。Aravindaram（2009）等分别构建了含 PCV2-ORF1、PCV2-ORF2、PCV2-ORF3 的重组质粒，将其单独或联合免疫小鼠 2 周后，结果发现 ORF-2/ORF-3 与 ORF-1/ORF-2/ORF-3 这 2 种组合免疫诱导产生的 IFN-y、TNF-α、GM-CSF 以及 PCV-2 抗体水平均较其他免疫组高，攻毒后这 2 种组合免疫组 PCV2 病毒载量显著减少，小鼠的肺部病变也明显减轻。Fan（2007）等通过构建 4 种不同 Cap 蛋白定位的 DNA 疫苗载体探讨了 DNA 疫苗免疫及 Cap 蛋白的定位对诱导免疫应答的影响，结果表明，4 种 DNA 疫苗免疫均能诱导 PCV2 特异性的体液免疫，但分泌型 Cap 蛋白诱导更高的中和抗体，且降低了 IFN-1 水平，而膜定位 Cap 蛋白则使 IFN-1 升高，由于 IFN-y 能促进 PCV2 的复制，当 PCV2 感染时，DNA 疫苗免疫诱导的高水平 IFN-1 存在潜在的危险，因此，表达分泌型 Cap 蛋白的 DNA 疫苗是较好的选择。尽管核酸疫苗具有诸多优点，但外源基因在体内的表达调控及其在体细胞的转移可能会产生意外的免疫病理反应等问题。感染性克隆疫苗是一种新型的核酸疫苗，是将毒力损失或毒力致弱的病毒制成核酸疫苗后免疫动物，获得与自然毒相同的免疫效果。与以往的核酸疫苗相比，感染性克隆疫苗既具有核酸疫苗的优点，又克服了核酸疫苗表达量低的缺点。因感染性克隆疫苗是作为一种毒力减弱的活毒进入机体内的，具有正常的生理周期，却又没有致病性或致病力很弱，所以在体内的表达量要远远高于以往的核酸疫苗。随着猪圆环病毒 2 型感染性克隆的成功构建，对 PCV2 基因组的背景有了清楚的认识，对各基因的功能也更加清楚。在此基础上，不再局限于仅仅利用免疫原性基因构建核酸疫苗，而是通过构建 PCV2 的感染性克隆，在此基础上利用基因缺失、突变、嵌合等反向遗传操作技术将这种感染性病毒致弱，使其对宿主细胞蛋白表达系统的抑制作用解除，但保留了野毒的免疫原性及其正常的增殖能力。Fenaux 等于 2002 年开始 PCV2 感染性克隆的研究，其将两个拷贝的 PCV2 基因组以首尾相连的方式克隆入 pBluescript SK 质粒，构建 PCV2 的感染性克隆。该 DNA 克隆在 PK-

15 细胞内能产生具有感染性的 PCV2 病毒粒子。进一步将其重组质粒直接注射入 SPF 猪体内，发现其与接种 PCV2 野毒组的 SPF 猪具有同类型的临床症状和病理变化，为 PCV2 感染性克隆疫苗的研究和应用奠定了基础。Fenaux 等于 2004 年进一步构建了具有 PCV2 免疫原性减毒的 PCV1-2 嵌合病毒，即以 PCV1 为骨架，以 PCV2 的 Cap 基因（ORF2）取代 PCV1 的 ORF2；同时，也构建了 PCV2-1 的嵌合基因组作为对照，即以 PCV1 ORF2 取代 PCV2 基因组中的 ORF2；将这两种 DNA 克隆转染的 PK15 细胞均具有感染性，且 PCV1 2 病毒能够诱导 PCV2 核衣壳蛋白的特异性抗体反应，但其毒力明显降低，因此 PCV1-2 感染性克隆质粒可以作为有效防止 PCV2 感染和 PMWS 流行的疫苗。同时 Fenaux 等还在 PCV2 的体外传代过程中发现其核衣壳蛋白中存在有与病毒体外复制和体内毒性作用有关的两个氨基酸突变，这两个氨基酸的突变提高了 PCV2 的体外增殖能力但降低了其在体内的毒性作用，也为 PCV2 疫苗的研制提供了思路。金玉兰（2014）等构建了 ORF2 内的单核苷酸缺失突变体感染性克隆，发现 1376 位点核苷酸的缺失提高了 PCV2 的致病性和免疫抑制能力。Karuppannan（2009）等构建了 ORF3 突变的重组 PCV2，接种断奶仔猪后不引起明显的临床症状，与野毒相比，病毒血症、淋巴结病理变化以及抗原载量明显减轻，且诱导了较强的体液免疫和细胞免疫应答，表明 ORF3 突变能显著降低 PCV2 的毒力，且突变病毒能诱导更好的免疫应答，是 PCV2 疫苗研究的一个新方向。He（2013）等通过构建缺失 ORF4 的感染性克隆并体外拯救出缺失 ORF4 基因的 PCV2 病毒，将其感染小鼠后，发现其与野生型病毒相比较，缺失 ORF4 的 PCV2 病毒比野生型 PCV2 具有更强的致病性，揭示 ORF4 基因是 PCV2 致病的负调控基因。Henmann 等为了验证嵌合 PCV1-2 弱毒疫苗和灭活疫苗对母猪的免疫效果，通过动物试验，发现弱毒疫苗和灭活疫苗均能够很好地保护母猪防止 PCV2 的感染。国内韩凌霞（2006）等将 PCV2 单拷贝基因组插入到 pMD18-T 中，将获得的 pMD-PCV-2 感染性克隆质粒免疫 40 日龄仔猪，发现其能够在体内产生与 PCV2 自然感染的大体病变和病理组织学变化，并能够激发机体较强的体液免疫应答。杨顺利（2011）等以 pcDNA3.1（＋）真核表达质粒为载体也构建了 PCV2 的单拷贝和双拷贝感染性克隆，并将其免疫小鼠后，对免疫后不同天数小鼠的血清用 ELISA 检测，发现免疫后 35d 病毒几乎都能检测到衣壳蛋白特异性抗体，小鼠致死后在其体内也能检测到病毒 DNA，表明无论是 PCV-2 单拷贝还是双拷贝感染性克隆质粒均具有感染性。同时笔者也采用 pcDNA3.1（＋）真核表达载体为骨架也构建了 PCV-2 的感染性克隆，并人为引入了一个分子标记，将其免疫小鼠后，免疫 6 周后致死，在其体内仍能检测到引入的分子标记，与国内刘长明等的研究结果相一致，表明分子靶标能够稳定遗传，为构建携带遗传标记的 PCV2 感染性克隆疫苗奠定前期基础。

　　嵌合疫苗是将 PCV2 的 ORF2 克隆到缺失 ORF2 的 PCV1 的骨架中，从而获得 PCVl-PCV2 嵌合病毒，具有与 PCV2 类似的免疫原性，能刺激机体产生特异性免疫反应，且具备不易发生毒力返强的优势。如美国富道动物保健公司、辉瑞制药有限公司的灭活嵌合病毒（PCV2a）疫苗。猪圆环病毒重组嵌合病毒疫苗的基本原理是利用分子克隆技术，将具有 PCV2 ORF2 基因克隆于无致病性的 PCV-1 基因组中，也就是用具有致病性 PCV2 ORF2 基因置换无致病性的 PCV-1 ORF2 基因，从而构建嵌合型 PCVl-2 感染性 DNA 克隆，最后将其灭活制备成重组嵌合病毒疫苗。有学者将 PCV-2 ORF'2 基因克隆到缺失 PCV-1 ORF2 的 pSK-PCVl△ORF2 中，形成嵌合病毒（PCVl-2）分子克隆（pSK-sPCVl-2），经不完全酶切将 PCVl-2 嵌合体全基因组串联入 pSK 载体中，得到含串联双拷贝的嵌合型 PCVl-2 感染性 DNA 克隆，接种 Balb/C 小鼠 14d 后即有部分小鼠产生了针对 PCV-2Cap 蛋白的特异性抗体。表明该感染性分子克隆能够对易感动物产生良好的免疫保护。美国富道公司将致病性 PCV-2 的 ORF2 克隆入 PCV1，替换 PCV1 的 ORF2 构建了 PCVl-2 嵌合病毒，灭活后制成疫苗，免疫后猪群的临床症状明显减轻，血液和淋巴组织中 PCV-1 的病毒载量、免疫猪死亡率以及发生 PMWS 的概率下降，并且在母源抗体存在的情况下也可以达到很好的保护效果，目前在美国、加拿大、丹麦、墨西哥等国家已注册使用。猪圆环病毒重组嵌合病毒疫苗的基本原理是利用分子克隆技术，将具有 PCV2 ORF2 基因克隆于无致病性的 PCV1 基因组中，也就是用具有致病性的 PCV-2 的 ORF2 基因置换无致病性的 PCV1 的 ORF2 基因，从而构建嵌合型 PCV1-2 感染性 DNA 克隆，最后将其灭活制备成重组嵌合病毒疫苗。

活载体疫苗。Liu（2011）等成功构建了融合表达 PCV2ORF2 基因与猪 IFN-γ 基因的重组腺病毒 rAd-ORF2-IFN-γ，并证实 rAd-ORF2IFN-γ 在小鼠体内诱导产生 PCV2 特异性抗体的能力比单独表达 Cap 蛋白的 rAdORF2 强，表明猪 IFN-γ 作为细胞因子佐剂可以显著增强 Cap 蛋白的免疫原性。由此可见，表达 Cap 蛋白的重组腺病毒能诱导动物机体产生针对 PCV2 的特异性免疫应答，保护动物抵抗 PCV2 感染，是一种具有潜在应用价值的 PCV2 候选疫苗。Song 等将 PCV2ORF2 基因插入 pIECMV 质粒中，并同 Tk-/gE-/LacZ＋基因组共转染 IBRS-2 细胞，通过同源重组成功构建了 Tk-/gE-/ORF2 重组病毒，Western blot 和间接免疫荧光试验证实 PCV2ORF2 基因在重组病毒中正确表达。4 周龄仔猪接种 Tk-/gE-/ORF2 后，PRVELISA、PRV 中和试验 ORF2-ELISA 和 ORF2 特异性淋巴细胞增殖试验证实重组病毒具有良好的免疫原性，能产生针对 PRV 和 PCV2 的特异性免疫应答。Pei（2009）等在 PRRSV cDNA 克隆的 ORFs 1b 与 2a 之间插入 2 个限制性酶切位点和 1 个转录调控序列 TRS6，将其改造成一个通用的病毒载体，然后将 PCV2ORF2 基因插入 2 个限制性酶切位点之间，由 TRS6 启动转录，构建了表达 Cap 蛋白的重组质粒，用重组质粒转染 Marc-145 细胞成功获得了 P129-PCV 重组 PRRSV。动物免疫试验证实，免疫 5 周后，在 P129-PCV 免疫的猪体内能诱导产生抗 PCV2 特异性抗体应答，表明重组 PRRSV 能在体内和体外成功表达 Cap 蛋白，并诱发特异性免疫应答，可作为一种表达载体用于 PCV2 及其他猪病活载体疫苗的研究。总之，活载体疫苗能诱导机体产生较强的特异性免疫应答，且安全性高，但是表达载体可能会干扰免疫应答，同时也会发生毒力返强，这些缺点在一定程度上限制了活载体疫苗的发展。有报道表明利用 RNA 分子可以中和感染性 PCV2 或干扰 PCV2 的复制。RNA 适配子是一种能够与靶物质高特异性、高亲和力结合，在体外阻止 PCV2 感染的 RNA 分子。小干扰 RNA（siRNA）已经成功用于阻断体外 PCV1 和 PCV2 核酸复制酶蛋白的表达，干扰病毒在细胞内复制。短发夹 RNA（shRNA）能够减少 PCV2 在体外的复制，小鼠体试验表明 shRNA 能够减少 PCV2 病毒载量。由于 RNA 分子在体内不能遗传复制和昂贵的研究成本，RNA 抗病毒疗法对 PCV2 治疗的临床意义尚需进一步探索。

二、联合疫苗的研究进展

　　联合疫苗是一种可同时预防多种疾病的疫苗。联合疫苗接种将成为预防接种的一种趋势，与分开接种几种疫苗相比，联合疫苗不但可以提高疫苗接种率，还能大大减少注射次数和因接种所带来的不良事件的风险，减少因接种多次带来的疼痛和不良反应，同时，可提高免疫接种的依从性。与分开接种各疫苗相比，具有相对优势。

　　自20世纪90年代中期以来，猪流感病毒引起的猪呼吸道疫病综合征给世界各国养猪业造成了严重的经济损失。当猪发生猪流感病毒和圆环病毒混合感染时，很容易把两者的混合感染当作PCV2单独感染进行治疗和预防，造成猪的生长性能降低。张许科（2013）等通过实验首次证实将PCV2抗原和猪流感病毒抗原按照合适的比例联合使用，能产生保护性免疫应答，同时发现PCV2和SIV抗原有相互增强免疫效果的作用，并在后续试验中证实当存在其中一种抗原时，另一种抗原量减半仍能维持本抗原的免疫效果。该猪圆环病毒病-猪流感病毒病二联灭活疫苗与猪圆环病毒病或猪流感病毒病单苗的效力相比，仅1次免疫就能够预防猪圆环病毒病和猪流感病毒病两种病原感染，降低了免疫成本、减少了免疫次数，猪体的应激反应小，有效避免了多次免疫出现的不良反应。另外，根据中国知识产权局专利局公开的资料显示，2011年至今，已有多家研究机构相继进行了猪圆环病毒2型与副猪嗜血杆菌二联灭活疫苗，猪圆环病毒2型与肺炎支原体二联灭活疫苗，猪圆环病毒2型与猪细小病毒二联灭活疫苗，猪圆环病毒2型、副猪嗜血杆菌和与猪肺炎支原体三联灭活疫苗研究；研究结果发现，联苗的免疫保护效果比猪圆环病毒2型单苗的效果要好，而且抗原量减半后的联苗与抗原减半的猪圆环病毒2型单苗相比，效果明显更佳。从而证明了抗原组合物之间并无相互干扰，甚至起到了协同作用，使疫苗制备生产成本大大降低。徐蓉（2015）等将杆状病毒表达的重组PcV2c印蛋白（Bcap）和PCV2灭活病毒液（iPcV2），分别与HPs血清5型（HPs5）灭活菌液混合，加入水性佐剂混合制备成Bcap/HPs5与iPcV2/HPs5二联灭活疫苗，进行猪体免疫保护试验。仔猪免疫保护试验结果为：两种疫苗免疫后均可诱导猪体产生PcV2和HPs抗体。免疫后35天用PCV2攻击，两免疫组猪均无明显临床症状，相对日增重（RDwc）与空白对照组相似，但高于攻毒对照组（$P < 0.05$）；攻毒后28天剖解，腹股沟淋巴结PCV2载量明显低于攻毒对照组。赵海忠（2019）等为综合评价疫苗混合免疫效果，采用猪圆环病毒2型（pomine circovims type 2，PCV2）疫苗和猪支原体肺炎疫苗混合、分开免疫对比试验，通过对疫苗不良反应率、猪群死淘率、增重、PCV2抗体水平、肺部病变等比较进行效果评价。结果显示，PCV2疫苗和Mhp疫苗混合免疫综合评价效果更好。混合免疫试验猪PCV2抗体阳性率高，且持续时间长，混合免疫试验猪更少表现肺部病变，即使出现肺部病变，病变程度也较轻；混合免疫试验猪生长性能好，混合免疫与分开免疫死淘率相同，出栏日增重混合免疫稍优于分开免疫，但差异不显著，且猪群整齐度高，安全性高，混合免疫仅产生轻微临床不良反应，且不良反应率低于分开免疫，操作方便。朱子健（2017）等发现猪瘟兔化弱毒疫苗和猪圆环病毒2型（PcV2）灭活疫苗可以同时注射或采用PCV2灭活疫苗稀释CSFv活疫苗进行免疫，均不影响各自免疫抗体的产生。可以将PCV2灭活疫苗作为CSFV活疫苗的稀释剂，采用一次性注射的形式同时接种这两种疫苗。由于PCV2可与多种疾病发生混合感染，对于疾病的预防和治疗带来了很大困难。因此，PCV2与其他疾病的联合疫苗的研发成为研究的热点。

三、圆环疫苗佐剂的研究进展

疫苗佐剂（Adjuvant）是能够非特异性地改变或增强机体对抗原的特异性免疫应答、发挥辅助作用的一类物质。佐剂能够诱发机体产生长期、高效的特异性免疫反应，提高机体保护能力，同时又能减少免疫物质的用量、降低疫苗的生产成本。长期以来，传统疫苗（多为菌体或其裂解物）由于其免疫原性强，佐剂的研究和使用只局限于较小的范围，如毒素和类毒素。从巴斯德至今近百年来已开发了许多菌苗和疫苗，但传统的菌疫苗一般多为全细菌或全病毒制成，其中含有大量非免疫原性物质，这些物质除具有毒副作用外也具有佐剂作用，所以一般不需要外加佐剂，因此在这段时间里免疫佐剂并未引起人们广泛的注意。直到1925年，法国免疫学家兼兽医学家 GastonRamon 发现在疫苗中加入某些与之无关的物质可以特异地增强机体对白喉和破伤风毒素的抵抗反应，从此许多国家都不同程度地开展了这方面的研究。随着现代生物技术和基因工程技术的迅速发展，针对不同疾病已开展了各种新型基因工程疫苗的研制，但这些疫苗普遍存在分子小、免疫原性弱、难以诱导机体产生有效免疫应答等不足，从而需要某种物质来增强其免疫作用，免疫佐剂尤其是新型免疫佐剂的研究就显得尤为迫切。近年来，为适应新型疫苗的需求，佐剂已经从传统、单一的形式向新型、多元化形式发展。

细菌菌影（Bacterial ghost，BG）是一种没有细胞浆和核酸的空细菌体。一方面，BG也可以作为佐剂，增强机体对抗原的免疫反应；另一方面，BG可以做为递呈系统，把目的蛋白更好地递呈给抗原递呈细胞（antigen presenting cell，APC）。徐胜奎（2017）等利用两种不同的递呈系统，分别把Cap蛋白锚定在菌影的周质与外膜上，并进行了免疫效果评价。结果表明，递呈在菌影周质中与外膜上的Cap蛋白均可有效表达，菌影递呈外源Cap蛋白可以起到良好的免疫保护效果，APP菌影可以作为良好的佐剂显著增强机体的免疫反应，提高机体的抗病原感染能力。

综上所述，猪圆环病毒的免疫学及疫苗研究取得了一定的进展，但开发安全有效的猪圆环病毒新型疫苗仍然是今后发展的方向。疫苗的研制应投入更大的人力、物力、财力，我们相信分子生物学和基因工程技术的快速发展，为研发猪圆环病毒新型疫苗提供了理论和技术上的可能，一定会从根本上的改变猪圆环病毒感染的防治现状。猪圆环病毒病作为一种免疫抑制性疾病，没有特效治疗药物，临床上常采用综合防控措施。最有效的方法是疫苗免疫，通常在仔猪12～15日龄注射圆环疫苗。临床治疗多采用抗菌和抗病毒药物联合使用，以减少并发感染，如氟苯尼考、阿莫西林、板蓝根、磺胺类药物、庆大-小诺霉素、卡那霉素等。为促进消炎排毒，使用鱼腥草注射液等。为恢复器官功能，提高免疫力，选用干扰素、免疫球蛋白，添加黄芪多糖、多维等。猪圆环病毒病全病毒灭活疫苗有良好的免疫原性、确切的保护力，但是全病毒疫苗的制备需要培养大量的病毒，存在工作量大、成本高等问题，且由于PCV2不同亚型间的交叉保护力不强，一旦毒株变异，疫苗的保护力就大打折扣。亚单位疫苗是将PCV2基因组中编码免疫原性蛋白的OBF2

片段插入到表达载体中（如昆虫杆状病毒表达载体），从而获得免疫原性蛋白而制备的，由于涉及细胞培养，其制备成本也比较高昂。嵌合病毒灭活苗是以不致病的 PCV1 为载体并置换 PCV2 的保护性基因 OBF2，获得与 PCV2 类似的免疫原性。该嵌合病毒经培养后需灭活，本质上也属于灭活疫苗。目前，各种 PCV2 疫苗的制备成本大，存在疫苗副反应、免疫持续期短等，因此研制高效、廉价、便于使用的 PCV2 口服疫苗是 PCV2 疫苗研究的方向之一。

第二节　圆环病毒疫苗的应用

目前市场上猪圆环疫苗的毒株类型主要包括 SH 株、LG 株、DBN-SX07 株、WH 株和 ZJ/C 株，由于猪圆环病毒 2 型只有一个血清型，因此这 5 种毒株均属于 PCV-2b，毒株只能表明分离地点以及天然免疫原性存在差异。由于疫苗的免疫效果与病毒含量成正比，因此提高疫苗效果最好的方式之一就是增加病毒含量。2010 年下半年开始国产猪圆环疫苗陆续上市，到 2016 年底国产猪圆环疫苗的生产厂商已经达到 22家。经过 7 年时间的技术创新，国产猪圆环疫苗的品质有了明显的提升。由于猪圆环病毒只有 1 个血清型，所以毒株不是选择疫苗的主要依据，更多要考虑的是病毒含量、佐剂和灭活剂等要素，而近年来新推出的国产猪圆环疫苗的病毒含量大幅提升，疫苗的防疫效果也得到了广泛认可。疫苗防疫的发展方向是做到优质高效和科学减负，而多联苗正好契合了该发展方向，因此近年来发展迅速。从国内禽用疫苗的发展也可以看出，多联苗在保障基础的免疫效果上可以做到科学减负，因此得到了养殖户的广泛认可。尽管猪圆环疫苗发展时间较短，但是国内动物疫苗生产企业对猪圆环疫苗的研发投入了大量的时间和精力，猪圆环病的联苗也开始走向市场。以普莱柯为例，公司猪圆环-副猪和猪圆环-支原体二联苗都处于新兽药证书的申请阶段，这也在一定程度上引领了行业的发展趋势。

庄汝柏（2018）等为了评估母源抗体对猪圆环病毒 2 型疫苗的影响，将 14 日龄仔猪分成 8 组分别进行试验，接种四种不同类型的市售猪圆环病毒 2 型疫苗，应用 ELISA 检测血清抗体等方法评价免疫效果。结果为：14 日龄仔猪猪圆环疫苗抗体的 S/P 值为 1.98～2.08，经 F 检验各组间无显著性差异；38 日龄和 68 日龄为 1.67～1.8 和 0.99～1.24；134 日龄为 1.4～2.0，经检验各疫苗免疫组间无显著差异。试验表明仔猪在较高圆环母源抗体下免疫不同类型猪圆环病毒 2 型疫苗后至 120 日龄内均能保持较高的抗体水平。于淼（2017）等验选用 PCV2SH 毒株水包油包水乳剂及其水佐剂灭活疫苗、进口的 Ingelvac CircoFLEX 基因工程亚单位疫苗和国产的大肠杆菌表达的重组 Cap 亚单位疫苗，在确诊 PCV2 感染的某规模化猪场开展仔猪免疫试验。结果显示：两种 PCV2 SH 株灭活疫苗均能明显降低发病率和死亡率，降低病毒血症，提高日增重，其免疫效果与 CircoFLEX 疫苗相当，优于大肠杆菌表达的重组 Cap 亚单位疫苗。李长海（2018）等为了比较分析湖北省某规模化猪场猪圆环病毒亚单位疫苗和全病毒灭活疫苗的使用效果，选择 21 日龄健康仔猪 1000 头，随机分为 3 组，每组 330～336 头，分别免疫亚单位疫苗（A 组）、灭活疫苗（B 组）和生理盐水（C 组）；免疫后 30d、60d 和 90d，通过检测猪只的生产性能、抗体水平和血清中病毒含量来比较 2 种疫苗的免疫效果。结果显示：相比较于生理盐水组，2 种疫苗免疫商品猪后，均能显著提高日增重（$P < 0.05$）、降低死淘率和肉料比、提高血清抗体水平和减少排毒。而且亚单位疫苗的免疫效果优于目前的常规灭活疫苗。胡永明（2019）等为评估圆环病毒疫苗（YZ 株）对育肥猪生产性能的影响，选用 3 种商品化疫苗，选择胎龄相近、窝产仔数相似的母猪所产仔猪，平均分成 A、B、C、D4 组，结果表明，性价比 "YZ 株" 最高。

疫苗免疫是防控 PCV2 感染的最佳选择已成共识，但圆环病毒病疫苗产品不仅多，而且价格相差较大，选择对猪刺激小、安全性高的疫苗产品，对于后期提高仔猪成活率、提高日增重、降低料肉比、提升抗体水平、改善仔猪生长性能均具有意义。为此，评估疫苗效果很重要。山西省农科院吴忻（2014）等选用几种上市的国产灭活苗对育肥猪在 2 周龄前后免疫 1 次，10 周龄前后进行加强免疫，结果表明整个育肥期猪群不受 PCV2 的感染。2013 年 6～9 月，辽宁省动物疫病预防控制中心王克才等用国内某公司生产的猪圆环病毒 2 型灭活疫苗进行试验，结果临床免疫组猪群成活率及生长指标明显好于不免疫猪群，但免疫组及对照组病毒核酸阳性检出率和抗体阳性率差异不显著。2015 年 5～7 月，上海海利生物技术股份有限公司宁慧波用 14 日龄仔猪进行两种疫苗免疫的对比试验，从免疫后体温变化、成活率、料肉比及日增重以及效益分析、抗体水平等方面进行比较，结果发现，两种圆环病毒疫苗均能提高仔猪成活率、降低料肉比、提高日增重，但投入产出比相差较大。邹昌进（2015）等进行了规模猪场不同圆环、蓝耳疫苗联合免疫效果比较的研究，筛选出最佳的联合免疫方式为：上海海利圆环病毒疫苗 7 日龄注射 1 头份＋勃林格蓝耳病疫苗 14 日龄注射 1 头份。

在许多国家，生产企业进入猪用疫苗市场的门槛非常低，这可能导致了大量廉价、低质量的疫苗供养猪者选择。这些产品的销售策略主要就是依靠降低价格，他们往往会比同类产品低一半，甚至很多的价格出售给养户，一些对成本和价格较为敏感的养殖户常常更愿意选择这种疫苗。但是，这种疫苗的抗原滴度和免疫保护期往往较不理想，对疫病的防控和猪群的健康带来潜在的威胁。众所周知，猪圆环病毒 2 型的培养要求较高，有效病毒抗原的滴度一般较低，且容易受到外源病毒的污染，这是为什么免疫一些质量差的猪圆环病毒 2 型疫苗（有效抗原的含量低）所产生的免疫保护力较差的原因。因此，必须从正规渠道选择口碑好、质量佳、批间稳定、保护期长的猪圆环病毒 2 型疫苗。

所有的疫苗（活苗和灭活苗）都必须在适当的条件下保存，否则疫苗的抗原含量和效力将会大大降低。尤其是在炎热的夏季，疫苗的保存和运输过程中冷链措施，以及疫苗送达猪场后的保存条件都显得特别重要。有些猪场一般建在偏远的地方，可能会遇到经常停电的情况，这往往会导致出现疫苗失效的案例。此外，另一种常见的情况是，猪场内的冰箱使用时间较长，出现内部温度不够低，或内壁容易结霜的情况，这种情况下保存疫苗也容易使疫苗失效（例如，把灭活疫苗贴着冰箱内壁保存容易由于温度过低而出现结冰的情况）。因此，最好的措施的是在冰箱内放置一个温度计，每天记录和观察冰箱内部的温度，确保能够妥善地保存疫苗，达到免疫保护的效果。与此同时，养猪户必须使用经过保养和消毒的设备（注射器和针头等）来接种疫苗，以免造成局部感染和炎症的发生。所有的疫苗接种，包括接种圆环疫苗都是达到一种预防疾病的效果，而不是一种治疗疾病。因此，必须在那些仔猪有可能感染野毒的几周前接种疫苗。一般情况下，猪圆环病毒 2 型疫苗接种的是

3～4周龄的仔猪（大约断奶前后的仔猪）。不过很少有相关研究表明，这个年龄段的仔猪通过接种疫苗是否可达到最佳的效果和最大的效益。通常认为，影响猪圆环病毒2型疫苗接种最佳时间的因素主要有以下几点：

（1）母源免疫力（MDI） 众所周知，在接种疫苗时，高水平的母源抗体（MDA）会导致较低水平的体液免疫反应（与血清干扰有关）。作为参考，当抗体滴度大于10log2 IPMA（免疫过氧化物酶单层细胞试验）时会观察到这种干扰作用。不过，由疫苗诱导的细胞免疫反应似乎不会受到母源抗体（MDA）的影响。为了避免这种干扰作用或达到更高的疫苗保护效果，在高母源抗体的情况下应考虑延迟圆环疫苗的接种时间。这种情况往往常见于母猪和仔猪同时接种疫苗的猪场。

（2）仔猪免疫系统的成熟度 新生仔猪免疫系统的成熟度尚没有明确的定义。然而，在一项攻毒保护试验中发现，给5日龄血清抗体阴性的仔猪接种猪圆环2型疫苗可诱导其产生免疫保护力。这项研究表明，至少在这个日龄（5日龄），仔猪的免疫系统已经成熟，足以产生一个保护性免疫反应。然而，在猪场内很难找到这个年龄段阴性的仔猪，这主要由于母源免疫力的存在。

（3）猪圆环病毒2型（PCV2）的感染动态 一般情况，猪圆环病毒2型的病毒血症起始于保育后期或育肥前期。不过，不同的养猪场往往会存在很大的差异。有些情况下，也可能出现非常早感染的案例，这也是公认的仔猪遭受圆环病毒病（PCVD）威胁的主要因素之一。此外，当母猪群出现不稳定时，往往也会表现出这种早期的循环感染。因此，给母猪接种猪圆环病毒2型疫苗，可实现给仔猪提供早期的免疫保护力的目的。虽然新生仔猪感染猪圆环病毒（PCV2）的比例一般较低，但是不同猪场和不同批次的仔猪存在一定的差异。在一项研究中发现，一些处于猪圆环病毒（PCV2）亚临床感染的猪场，其新生仔猪（未吃初乳）的血清中猪圆环病毒感染的比例高达40％。不过，在其他任何研究中都没有再次出现这么高的患病率，这可能是个别特殊的案例。易感仔猪可通过水平传播迅速感染猪圆环病毒。因此，在感染前保护仔猪（通过母猪接种疫苗）是非常重要的。此外，相关研究已表明，给PCV2病毒血症和血清抗体阳性的仔猪接种猪圆环病毒2型疫苗，所诱导的体液和细胞免疫能够降低野毒攻毒后的病毒血症。不过，这种仔

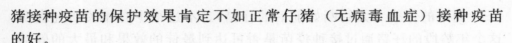

猪接种疫苗的保护效果肯定不如正常仔猪（无病毒血症）接种疫苗的好。

（4）免疫抑制　在接种疫苗时，任何可能引起机体免疫抑制的因素都可降低疫苗的接种效果。这些因素主要包括继发感染或并发疾病、不同疫苗的同时使用，以及应激和营养不良等。对于疫苗的效力来说，所有这些因素取决于动物接种疫苗的日龄。虽然猪圆环病毒2型疫苗已在全球的养猪场中广泛使用，但是比较不同日龄的动物接种圆环疫苗的效果的研究则十分少。在这些方面，有一项研究评估了猪圆环病毒亚临床感染的仔猪在不同日龄接种圆环疫苗的效果。这些仔猪分别在第3、6或10周接种相同剂量的疫苗。同时，设定一组仔猪作为阴性对照（不接种任何疫苗）。在第2周至第25周龄期间，持续观察仔猪，并在不同的时间点采集相应的样本。研究结果发现，在第3周或第6周接种圆环病疫苗的仔猪具有相似的病毒学和血清学的效果。从结果来看，这两种疫苗接种方案都是有效的，因为与未接种疫苗的试验猪相比，这两组试验猪都能够显著降低病毒血症的比例。而在第10周接种圆环疫苗则没有明显的效果，这可能主要是因为接种疫苗的时间过晚，不能有效阻止病毒血症的发生。总的来说，仔猪接种猪圆环病毒2型疫苗的最佳日龄是母源抗体（MDI）处于较低水平的时候，且接种疫苗后可在自然感染前产生足够的免疫保护力。

第十三章

结论与创新

断奶仔猪多系统衰竭综合征（Post-weaning multisystemic wasting syndrome，PMWS）主要是由猪圆环病毒Ⅱ型（Porcine circovirus-II，PCV2）及相关病原感染所致的一种慢性、进行性高致死率的疾病，受感染的猪群发病率为20%～80%，死亡率50%～80%，甚至100%。存活的病猪发育明显受阻，变成僵猪。该病给我国及全球养猪业造成了巨大的经济损失，已成为危害养猪生产的主要疾病之一，尤其是考虑可能用猪的器官进行人的异体移植时，更应当进一步加强对此病的研究。近几年来，在国内外对该病屡有报道，日益受到人们的关注，尽管世界许多实验室对PPV和PRRSV与PCV-2在致病方面的协同机制、该病毒对其所导致的各种疾病及PMWS的人工复制等方面进行了大量的研究，使我们获得了大量的相关知识，但我们对病毒对动物免疫系统的影响、病理组织学、免疫病理学、致病机理、有效的预防和控制该病，以及一些潜在的问题等方面缺乏全面系统的了解，目前还没有有效的疫苗可以用来预防PCV-2的感染，虽然国内外已研制出基因工程苗、亚单位疫苗，但因PMWS并非仅由PCV-2引起，其必须与PPV、PRRSV等病原协同作用于免疫系统，才能使猪发病，所以对PCV-2的感染很难奏效。因此，还必须对这些方面进行更详细、更深层次的研究。为了掌握该病在河南的发病情况、研究发病机理、探讨防治措施，我们首次全面系统地根据临床症状、病理剖检、实验室诊断确诊，在门诊病例和豫西地区（洛阳、三门峡、平顶山等）进行PMWS调查发现，豫西地区种猪血清阳性率为48.48%，断奶仔猪阳性率51.04%。各年龄段猪均可发病，但以6～10周龄发病率最高，占PMWS病例数的71.30%；其次是11～16周龄，占PMWS病例数的18.76%；16周龄以上发病少，仅占9.94%。对某发病猪场病猪采用PCR诊断和相关病原分离确定为PCV-2和传染性胸膜肺炎放线杆菌混合感染。

收集发病猪肺、肝、肾、心、胃、肠等内脏器官，盲肠扁桃体、胸腺、脾脏、淋巴结等免疫器官，用HE染色法，观察分析这些器官的病理组织学变化，可见肺间质增生、增宽，肺泡隔显著增厚，肺泡Ⅱ型细胞增生，巨噬细胞增生、浸润；肝细胞发生的颗粒变性，在汇管区见淋巴细胞和嗜中性白细胞浸润，间质水肿；肾小管的上皮细胞脱落，肾小管间有淋巴细胞和少量嗜中性白细胞浸润；心肌有不同程度的多病灶性心肌炎；胃肠平滑肌表现肌肉炎，肠绒毛萎缩。显微镜下可见盲肠扁桃体中的淋巴小结形成不全，淋巴细胞减少，固有层有大量淋巴细胞浸润；胸腺的组织结构较完整，皮质淋巴细胞的细胞核浓缩，髓质淋巴细胞增多。淋巴结的淋巴小结和脾脏的脾小体结构不完整，其内的 B 淋巴细胞数量减少，而脾脏的中央动脉周围淋巴鞘内的 T 细胞增多和淋巴小结的副皮质区增宽，其内的 T 淋巴细胞数量增多，表明 PCV-2 能损伤肺、肝和肾脏及免疫系统，影响机体细胞免疫，使机体免疫力下降，从而极易继发其他病原的感染，导致死亡。

对 PMWS 病猪血涂片，采用 α-醋酸奈酯酶（ANAE）染色方法测定 T 淋巴细胞 ANAE 百分率；采用瑞氏染色法对外周血白细胞分类计数检测。结果表明：在发病早期、发病中期及衰竭期 PMWS 病猪外周血 T 淋巴细胞 ANAE 百分率明显下降，与对照组相比较差异极显著，病猪出现免疫抑制现象；随病情恶化的加重，外周血淋巴细胞数量显著减少，而单核细胞和嗜中性粒细胞则显著增加，且两者之间的比例发生倒置。

首次通过在基础日粮中添加 2 种不同中药一般粉和 2 种中药超微粉饲料添加剂，研究其预防 PMWS 及其对仔猪生长性能和免疫功能的影响。结果表明：中药超微粉 I 组、中药超微粉 II 组平均体增重和日增重极显著高于对照组，与中草药 1 组和 2 组相比，差异显著；PMWS 发病率、料重比及腹泻率下降；白细胞总数、淋巴细胞百分比、中间细胞百分比、淋巴细胞数、B 淋巴细胞 EA-玫瑰花环形成率、T 淋巴细胞 ANAE$^+$率极显著高于对照组，与中草药 1 组和 2 组相比，差异显著。说明中药超微粉优于一般粉，能有效地预防 PMWS 发病，阻止保育阶段的仔猪发生腹泻，改善生长性能，并能促进血液中的白细胞尤其是淋巴细胞的生成，提高 B 淋巴细胞 EA-花环形成率、T 淋巴细胞 ANAE$^+$率，提高机体免疫功能。

比较中药超微粉 I 和中药超微粉 II 的成本可以看出，中药超微粉 II 更经济、更划算。因为中药超微粉 I 中的紫河车（人胎盘）市场价约 160 元/kg，而中药超微粉 II 的紫河车（牛胎盘）为废物利用。因此，选用中药超微粉 II 作为进一步推广应用的配方。

将 30 头 PMWS 病猪随机分为 3 组，第一组日粮中添加 1％的中药超微粉 2，第二组日粮中添加 1％的中药超微粉 2，同时，每千克日粮中添加延胡索酸泰妙菌素 50mg、强力霉素 50mg，连用一周。第三组为对照组，仅饲喂基础日粮。观察发现试验组临床症状、病理变化较对照组减轻，采用非特异性酯酶染色方法，对病猪的淋巴结、脾脏、扁桃体等组织切片进行免疫病理学研究发现，各组 T 淋巴细胞阳性结果呈棕褐色细小颗粒状，B 淋巴细胞的阳性结果呈棕绿色细小颗粒状。利用细胞计数软件，统计分析淋巴细胞的数量变化表明，对照组 PMWS 病猪与试验组猪免疫器官的淋巴细胞的数量相比，淋巴组织淋巴细胞明显减少，特征性病理变化为淋巴结淋巴滤泡的生发中心面积减少，副皮质区扩大，淋巴细胞减少，巨噬细胞和组织细胞增多；扁桃体淋巴滤泡中淋巴细胞减少，巨噬细胞增多；脾脏白髓淋巴细胞减少，说明 PCV-2 既影响细胞免疫，又可影响体液免疫，中药超微粉可以恢复其淋巴细胞数量，提高机体免疫力。

将中药超微粉防治 PMWS 进一步推广应用，取得了巨大的经济效益和显著的社会效益。

创新要点：

（1）首次调查了豫西地区（洛阳、三门峡、平顶山等）种猪 PCV-2 血清阳性率为 48.48%，断奶仔猪阳性率 51.04%。各年龄段猪均可发生 PMWS，但以 6～10 周龄发病率最高，其次是 11～16 周龄，16 周龄以上发病最少。用 PCR 诊断和相关病原分离确定豫西地区某猪场 PMWS 为 PCV-2 和传染性胸膜肺炎放线杆菌混合感染。

（2）全面系统地对 PMWS 病猪肺、肝、肾、心、胃、肠等内脏器官，盲肠扁桃体、胸腺、脾脏、淋巴结等免疫器官，进行病理组织学观察，发现 PCV-2 能损伤内脏器官及免疫系统，影响机体细胞免疫，使机体免疫力下降，从而极易继发其他病原的感染，导致死亡。

（3）研究了 PMWS 早期、中期、衰竭期外周血细胞变化的规律是，随病情恶化的加重，淋巴细胞数量显著减少，而单核细胞和嗜中性粒细胞则显著增加，且两者之间的比例发生倒置。

（4）首次将中药超微粉技术运用到防治 PMWS 中，并且将牛胎盘废物利用，研制出了效果好、价格低、使用方便的中药超微粉。进一步观察研究发现，中药超微粉能有效地预防 PMWS 发病，阻止保育阶段的仔猪发生腹泻，改善生长性能，并能促进血液中的白细胞尤其是淋巴细胞的生成，提高 B 淋巴细胞 EA-花环形成率、T 淋巴细胞 $ANAE^+$ 率，提高机体免疫功能。

（5）中药超微粉对 PMWS 病猪的治疗观察发现，对照组 PMWS 病猪与试验组猪免疫器官的淋巴细胞的数量相比，淋巴结淋巴滤泡的生发中心面积减少，副皮质区扩大，淋巴细胞减少，巨噬细胞和组织细胞增多；扁桃体淋巴滤泡中淋巴细胞减少，巨噬细胞增多；脾脏白髓淋巴细胞减少，说明 PCV-2 既影响细胞免疫，又可影响体液免疫，中药超微粉可以恢复其淋巴细胞数量，提高机体免疫力使病猪康复。

（6）将研究摸索出的中药超微粉加西药等综合防治 PMWS 的措施进行推广应用，取得了近千万元的经济效益和显著的社会效益。

参 考 文 献

[1] 赵连生,李琍,梁鸿斌,等.猪病的现状和控制策略 [J].黑龙江畜牧兽医,2006,(10):115-116.

[2] 全炳昭.当前猪病流行的特点及防制对策 [J].江西畜牧兽医杂志,2006,(5):3-4.

[3] 王永康.我国猪病严重的原因浅析 [J].上海畜牧兽医通讯,2006,(4):70.

[4] 任佑,刘振中.规模化养猪场猪病流行特征及防治对策 [J].农村实用技术与信息,2006,(5):18-19.

[5] 许立场,申会刚.断奶仔猪多系统衰竭综合征 [J].畜牧与兽医,2004,(3):12-14.

[6] 左玉柱,丁壮.猪断奶后多系统衰弱综合征(PMWS)[J].吉林畜牧兽医,2005,37(2):52-53.

[7] 何芳.断奶仔猪多系统衰竭综合征的诊断与防治 [J].湖南畜牧兽医,2004,(5):27~28.

[8] Khampee K,刘建民.圆环病毒2型亚洲流行现状及其综合防治方法 [J].中国动物保健,2005,(5):44-46.

[9] 赵立峰.断奶仔猪多系统衰竭综合征 [J].动物医学进展,2004,25(5):56-58.

[10] 刘道新,李晓成,陈杰,等.猪圆环病毒2型湖南株的分离及全基因组序列分析 [J].畜牧与兽医,2006,38(7):30-31.

[11] 孔庆娟,刘马峰,杨爱明,等.猪圆环病毒的研究进展 [J].中国畜牧兽医,2005,32(5):48-49.

[12] 郎洪武,张广川,吴发权,等.断奶猪多系统衰弱综合征血清抗体检测 [J].中国兽医科技,2000,30(3):3-25.

[13] Straw B E.猪病学 [M].第八版.赵德明译.北京:中国农业出版社,2000.

[14] 金虹,李媛,宋晓华.猪断奶后多系统消瘦综合征 [J].黑龙江省畜牧兽医,2002,3:27-22.

[15] 王忠田,杨汉春,郭鑫.规模化猪场猪圆环病毒2型感染的流行病学调查 [J].中国兽医杂志,2002,38(10):3-6.

[16] 孙泉云,沈悦,张苏华,等.上海市规模化猪场猪圆环病毒病的血清学调查 [J].上海畜牧兽医通讯,2003,(2):13.

[17] 邱永敏,刘金章,程方程,等.个体户猪场圆环病毒Ⅱ型血清学调查 [J].河南畜牧兽医,2003,24(6):30-31.

[18] 陈学灿,韩庆彦,宋建国,等.16起规模猪场疑似断奶仔猪多系统衰竭综合征疫情的诊断 [J].动物医学进展,2006,27(3):116-117.

[19] 刘正飞,陈焕春,琚春梅,等.猪圆环病毒的研究进展 [J].动物医学展,2002,23(2):15-16.

[20] 秦晓光,沈国顺.一例猪蓝耳病与圆环病毒的混合感染 [J].现代畜牧兽,2006,

(11)：25.

[21] 甘善化，陈元奇.猪断奶后多系统衰竭综合征的防制措施 [J].福建畜牧兽医，2006，28（5）：86-87.

[22] 曹胜波，陈焕春，肖少波，等.猪圆环状病毒 2 型的 PCR 检测方法的建立和应用 [J].华中农业大学学报，2001，（1）：53-56.

[23] 高峻，胡建华，孙凤萍，等.猪圆环病毒的研究进展 [J].上海交通大学学报（农业科学版），2005，23（1）：107-110.

[24] 尹业师，黄伟坚，陈琼，等.猪圆环病毒感染的病理组织学和致病机理研究进展 [J].动物医学展，2006，27（11）：18-21.

[25] 张弥申，张晓旭.猪圆环病毒病临床症状和剖检变化 [J].今日畜牧兽医，2006，（9）：25.

[26] 李九仁，刘爱民.断奶后仔猪多系统衰竭综合征的诊断与防制 [J].中国兽医杂志，2006，42（10）：53.

[27] 薛凤娟，杨文勇，韩品成，等.猪圆环病毒的防治 [J].畜牧兽医科技信息，2007，（11）：40.

[28] 高作义，王天奇，董发明，等.断奶仔猪多系统衰竭综合征的防制试验 [J].湖北畜牧兽医，2007，（6）：28-29.

[29] 潘艳，陈泽祥，谢永平，等.猪繁殖与呼吸综合征和猪圆环病毒 2 型混合感染并发猪大肠杆菌病的诊断 [J].中国兽医杂志，2007，43（2）：60-62.

[30] 张红英，卢中华，杨霞，等.猪断奶后多系统衰竭综合征研究进展 [J].河南畜牧兽医，2003，24（4）：9-10.

[31] 董发明，王天奇，王清义，等.豫西地区断奶仔猪多系统衰竭综合征调查与控制 [J].中国兽医杂志，2007，43（2）：27-28.

[32] 王天奇，董发明，龙塔，等.断奶仔猪多系统衰竭综合征的防制 [J].中国兽医杂志，2007，43（2）：62-63.

[33] 贾贝贝，崔尚金.断奶仔猪多系统衰竭综合征的免疫致病机理 [J].动物医学进展，2005，26（1）：48-51.

[34] 贾贝贝，刘兴友，刘长明，等.猪圆环病毒引发的断奶仔猪多系统衰竭综合征致病机理 [J].动物医学进展，2005，26（9）：21-26.

[35] 苗连叶，郝红贤，代广军.断奶仔猪多系统衰竭综合征的发生及防治 [J].农村农业农民（A 版），2004，（12）：31.

[36] 陈吉轩，伍莉，廖兰.仔猪断奶多系统衰竭综合征的诊治 [J].四川畜牧兽医，2006，33（9）：51.

[37] 王丽荣.猪圆环病毒的病原学与诊断 [J].安徽农业科学，2006，34（6）：1086，1194.

[38] 崔尚金.猪圆环病毒 2 型引起的断奶后多系统衰竭综合征诊断方法标准 [J].猪业科学，2006，（7）24-29.

[39] 路保通，胡新安，鲜海梅，等.猪圆环病毒病继发细菌感染的诊治报告 [J].中国动物检疫，2006，23（11）：41-42.

[40] 郎洪武，王力，张广川.猪圆环病毒分离鉴定及猪断奶多系统衰弱综合征的诊断 [J].中国兽医科技，2001，31（3）：3-5.

[41] 芦银华，陈德胜，戴亚斌，等.应用复合 PCR 法检测猪圆环病毒 [J].中国兽医科技，2001，31（9）：8-9.

[42] 付强，程立坤，董林，等.猪圆环病毒 Cap 蛋白亚单位疫苗研究进展 [J].畜牧与兽医，2015，47（3）：117-120.

[43] 肖文译.猪断奶后多系统消耗性综合征疫苗在试验中 [J].国外畜牧学—猪与禽，2006，26（4）：48.

[44] 王红琴.断奶仔猪多系统衰竭综合征综合防制措施 [J].云南农业，2005，（11）：14.

[45] 席祖义.猪场圆环病毒性疾病控制方案 [J].河北畜牧兽医，2005，21（1）：31.

[46] 程伶.丹麦有关 PMWS 的最新探索 [J].农业新技术.今日养猪业，2005，（1）：25-27.

[47] 董翠霞，魏国义.仔猪多系统衰竭的防治措施.养殖技术顾问，2006，（4）39.

[48] 苗凤英.猪圆环病毒病的诊断与防治 [J].山西农业，2006，（9）：39-40.

[49] 蔡彬，吴斌，王志东.如何控制保育舍里的杀手-断奶仔猪多系统衰竭综合征（PMWS）[J].河南农业，2006，（1）：30-31.

[50] 陆惠忠，郭勇.猪圆环病毒病的流行病学及防制措施 [J].浙江畜牧兽医，2005，（6）：25-26.

[51] 周向华.断奶仔猪多系统衰竭综合征的防制 [J].中国畜牧兽医，2006，33（8）：19-20.

[52] 赵珺，卢俊秀，雷泽勇，等.猪圆环病毒病的防治 [J].河南畜牧兽医，2006，27（12）：31-32.

[53] 安进.猪圆环病毒的诊治 [J].河南畜牧兽医，2007，28（1）：25.

[54] 王天奇，董发明，龙塔，等.断奶仔猪多系统消耗综合征的流行及控制.河南科技大学学报（农学版），2004，24（1）：11-16.

[55] 银梅，唐海荣，陈桂香，等.断奶仔猪多系统衰竭综合征 [J].现代畜牧兽医，2006，（12）：58-61.

[56] 程伶.谈谈稳定 PMWS 的免疫状态问题 [J].农业新技术.今日养猪业，2005，（3）：24.

[57] 陈泽金.应对仔猪断奶后多系统衰竭综合征的策略措施 [J].福建畜牧兽医，2006，28（4）：30-31.

[58] 蒋增艳译.欧洲控制 PMWS 的多种管理策略 [J].农业新技术.今日养猪业，2006，（4）：24-28.

[59] 牟水元.猪圆环病毒病的防治措施 [J].农村养殖技术，2006，（23）：20.

[60] 陈中远，张荣武. "败毒益佳能" 等药物治疗混合感染性猪病的效果 [J]. 养殖技术顾问，2006，(9)：52.

[61] 夏春香，肖啸，李志敏. 猪圆环病毒病研究进展 [J]. 动物医学进展，2005，26 (1)：35-38.

[62] 黄平. 预防输血传播的感染 [J]. 海峡预防医学杂志，2000，6 (5)：19-21.

[63] 胡哲，冷雪，崔晓华等. 猪圆环病毒检测技术研究进展 [J]. 动物医学进展，2005，26 (6)：18-20.

[64] 张烈. 猪断奶后全身性消瘦综合征 [J]. 中国预防兽医学报，2003，25 (1)：69-71.

[65] 叶玮，林晴，吴峻华，等. 03—05 年福州地区 PCV2 的流行病学调查 [J]. 中国动物检疫，2006，23 (10) 32-33.

[66] 李曦，符芳，李媛，等. 断乳仔猪多系统衰竭综合征的病原学调查 [J]. 中国兽医杂志，2006，42 (9)：21-22.

[67] 陶海静，王老七，孙二伟等. 河南地区猪圆环病毒Ⅱ型抗体血清学调查. 郑州牧业工程高等专科学校学报，2006，(2)：10-13.

[68] 陈枝华，张德明. 猪圆环病毒病的研究现状及公共卫生学意义 [J]. 中国人畜共患病杂志，2003，19 (3)：113-114.

[69] 王寅松，凌明亮. 酪蛋白酶解物在断奶应激中对仔猪小肠性能维护试验. 当代畜牧，2004，(9)：20-21.

[70] 琚春梅，陈焕春. 猪圆环病毒研究进展养殖与饲料 [J]. 中国兽医科技，2003，24 (10)：13-15.

[71] 贾贝贝，崔尚金. 断奶仔猪多系统衰竭综合征的免疫致病机理 [J]. 动物科学与动物医学，2006，16 (1)：48-51.

[72] 云涛，倪征，刘光清等. 断奶仔猪多系统衰竭综合征发病机理之研究进展 [J]. 中国农学通报，2005，21 (11)：19-23.

[73] 李鹏，崔玉苍. 猪圆环病毒的防制研究 [J]. 河北畜牧兽医，2004，20 (3)：29-30.

[74] 唐建华. 猪圆环病毒感染及其对策 [J]. 畜禽业，2004，12 (3)：38-39.

[75] 王忠田，杨汉春，郭鑫. 猪圆环病毒研究进展 [J]. 中国兽医杂志，2001，3 (40)：33-35.

[76] 吕艳丽，杨汉春，郭鑫等. 猪圆环病毒 2 型的分离和鉴定 [J]. 中国兽医杂志，2004，(2)：14-18.

[77] 郭井利，彭永刚. 猪圆环病毒与相关猪病研究进展 [J]. 畜牧兽医科技信息，2005，8：117-122.

[78] 戴益民，何厚军. 猪圆环病毒研究进展 [J]. 疫病防治，2003，10 (20)：38-41.

[79] 聂立欣，罗满林，孔小明，等. 猪圆环病毒感染后部分免疫器官的组织化学检测 [J]. 动物医学进展，2006，27 (1)：58-61.

[80] 聂立欣，孔小明. 半套式 PCR 检测石蜡包埋组织中猪圆环病毒 2 型方法的探讨 [J]. 动物医学进展，2004，25 (1)：80-82.

[81] 殷鹰，聂奎，杨戈等. 猪圆环病毒的进展 [J]. 畜牧市场，2005，（8）：7-9.

[82] 杨汉春. 动物免疫学 [M]. 第二版. 北京：中国农业大学出版社，2003，72～74.

[83] 沈霞芬. 家畜组织与胚胎学. 第三版. 北京：中国农业出版社，2003，108～124.

[84] 王汝都，白建，孔庆娟等. 猪圆环病毒病 [J]. 吉林畜牧兽医，2005，（4）：16～18.

[85] 韦建强，周正军，史伯春，等. 仔猪断奶后多系统衰竭（PMWS）研究动态 [J]. 医学动物防制，2005，21（8）：611-614.

[86] 韩博. 动物疾病诊断学 [M]. 北京：中国农业大学出版社，2005，4-43.

[87] 欧阳钦. 临床诊断学 [M]. 北京：人民卫生出版社，2001，302-319.

[88] 李华，杨汉春，郭玉璞，等. 猪繁殖与呼吸综合征病毒（PRRSV）感染的免疫学研究进展 [J]. 中国兽医杂志，1999，（9）：40-42.

[89] 章谷生，林飞卿. 细胞免疫学研究进展 [M]. 第 2 版. 北京：人民卫生出版社，1983，302-319.

[90] 杨元清，钱 敏，袁书林. 中草药饲料添加剂在养猪业中的应用 [J]. 动物科学与动物医学，2002，（9）：47-49.

[91] 田允波，葛长荣，高士争. 天然植物提取物对生长猪的促生长作用及其内分泌机制的研究 [J]. 粮食与饲料工业，2006，（7）：40-42.

[92] 张先勤，葛长荣，田允波，等. 中草药饲料添加剂对生长育肥猪胴体特性和肉质的影响 [J]. 云南农业大学学报，2002，17（1）：86-90.

[93] 李崎华，高士争，葛长荣，等. 中草药饲料添加剂对生长肥育猪饲料养分消化率的影响研究 [J]. 云南农业大学学报，2002，17（1）：81-85.

[94] 田允波，高士争，张曦，等. 中草药饲料添加剂对生长肥育猪内分泌的影响研究 [J]. 云南农业大学学报，2002，17（2）：170-175.

[95] 葛长荣，韩剑众，田允波，等. 作为饲料添加剂的猪用天然植物中草药方剂研究 [J]. 云南农业大学学报，2002，17（1）：45-50.

[96] 杨希国，张秀英，等. 中草药对畜禽免疫药理作用研究进展 [J] 中国兽药杂志，2003，37（9）：51-54.

[97] 唐建安，张翠平，张林. 复方中草药添加剂促进仔猪生长试验及机理探讨 [J]. 四川畜牧兽医，2000，12：18-19.

[98] 陈寒青. 中草药饲料添加剂研究进展 [J]. 饲料工业，2002，10：18-22.

[99] 刘璐，付明哲，李广，等. 鸡用中草药饲料添加剂的现状与发展 [J]. 兽药与饲料添加剂，2003，8（1）：26-28.

[100] 翟少钦，左之才. 生物多糖免疫作用的研究进展及应用 [J]. 中兽医学杂志，2001，（3）：2-5.

[101] 李苗云，葛长荣. 中草药饲料添加剂应用于畜禽的研究 [J]. 兽药与饲料添加剂，2003，8（2）：27-29.

[102] 魏界仙，李绍钰. 中草药成分在畜牧业上的开发应用 [J]. 饲料博览，2003，（9）：34-37.

[103] 李守阳. 应用中草药饲料添加剂生产绿色畜禽产品促进进出口贸易发展 [J]. 饲料研究, 2003, 1: 1-33.

[104] 侯永清, 陈洁, 张挺, 等. 中草药提取物在仔猪日粮中的应用效果 [J]. 中国饲料, 2003, 11: 13-15.

[105] 杨建社, 舒红良. 中草药饲料添加剂在养殖业生产上的应用与研究进展 [J]. 临沧科技, 2002, 43: 1-32.

[106] 尚遂存, 孟保东, 韩国俯, 等. 浅谈对中草药饲料添加剂现代化的认可 [J]. 河南畜牧兽医, 2002, (3): 3 4.

[107] 官丽辉, 李洪龙, 吴占福, 等. 中草药饲料添加剂对生长肥育猪免疫功能的影响 [J]. 饲料工业, 2006, 27 (22): 58-59.

[108] 符华林. 中药促进动物免疫作用的研究及展望 [J]. 中国家禽, 2003, 25 (9): 5-7.

[109] 马玉芳, 刘建成, 黄一帆, 等. 中药饲料添加剂对仔猪生长性能和免疫功能的影响 [J]. 福建畜牧兽医 (增刊), 2006, 14-17.

[110] 江和基, 黄志坚, 谢红兵, 等. 精致玉屏风散对仔猪免疫功能和生长性能的影响 [J]. 福建农林大学学报 (自然科学版), 2006, 35 (6): 640-643.

[111] 聂丹平, 李吉爽. 中药提取有效成分在促进畜禽免疫方面的功用 [J]. 湖北畜牧兽医, 2003, (1): 36-38.

[112] 卢杏通, 戴镜红, 廖明. 多糖类免疫调节剂研究概况 [J]. 动物医学进展, 2003, 24 (1): 10-12.

[113] 胡庭俊, 陈炅然, 程富胜. 多糖生物学研究概况 [J]. 兽药与饲料添加剂, 2005, 10 (5): 26-29.

[114] 陈杰. 家畜生理学 (第四版) [M]. 北京: 中国农业出版社, 2004.

[115] 梁宏德, 程相朝, 宁长申. 猪围产期外周血 ANAE+ T 细胞动态观察 [J]. 畜牧兽医学报, 2002, 33 (5): 517-519.

[116] 张庆茹. 中草药免疫促进作用的研究发展 [J]. 中兽医医药志, 1997, (5): 15.

[117] 丁巧铃, 柴家前. 中草药免疫研究概述 [J]. 黑龙江畜牧兽医, 1998, (7): 43-44.

[118] 翟少钦, 王天益, 程安春, 等. 增免灵对鸭腺病毒蜂胶复合佐剂灭活疫苗的免疫增强作用 [J]. 中国兽医杂志, 2003, 39 (3): 36-39.

[119] 陈少莺, 俞伏松. 免疫增强剂在畜禽免疫中的应用 [J]. 福建畜牧兽医, 1995, (3): 14-15.

[120] 张秋君, 刘旭东, 康志永, 等. 增免散对鸡免疫功能和增重的影响 [J]. 中国兽医杂志, 2002, 38 (1): 34-35.

[121] 戴远威, 江青艳, 傅伟龙, 等. 补益中药提取物对雏鸡免疫功能的影响 [J]. 中兽医学杂志, 1997, 23 (2): 2-5.

[122] 王超英, 柳纪省, 白银梅, 等. 天然药物免疫增强剂配方的筛选 [J]. 中国兽医科技, 1999, 29 (1): 32-33.

[123] 胡庭俊，樊斌堂，袁永隆，等. 8301多糖及其配合禽霍乱菌苗对鸡淋巴细胞转化率的影响 [J]. 中兽医学杂志，1996，(4)：12-14.

[124] 柴方红，贾立军，张守发. 附红细胞体对仔猪Ea花环率和EAC花环率的影响 [J]. 延边大学农学学报，2005，27 (1)：14-16.

[125] 舒朝晖，刘根凡，马孟骅，等. 中药超微粉碎之浅析 [J]. 中国中药杂志，2004，29 (9)：823-829.

[126] 韦旭斌. 中兽医学 [M]. 长春：吉林科学技术出版社，1997.

[127] 陈迪，杨蓉生，钟金城，等. 牦牛胎盘活性因子生物学效应的研究 [J]. 西南民族大学学报·自然科学版 (增刊)，2005，126-131.

[128] 房新平，夏文水，生庆海，等. 牛胎盘提取物促进淋巴细胞增殖活性的研究 [J]. 中国乳品工业，2006，34 (10)：41-44.

[129] 安云庆，解培英，李玉英，等. 中药本草九代对小鼠血清生物活性及T、B细胞增殖和分化的影响 [J]. 中国免疫学杂志，1998，14 (5)：360-362.

[130] 姜世金. 泰山灵芝提取物对雏鸡免疫功能影响的研究 [D]. 泰安：山东农业大学硕士学位论文，1997.

[131] 程相朝，张春杰，李银聚，等. 中药免疫增强剂对肉仔鸡免疫器官生长发育及免疫活性细胞影响的研究 [J]. 中兽医杂志，2002，(3)：6-8.

[132] 刘钟杰，许剑琴. 中兽医学. 第三版. 北京：中国农业出版社，2006.

[133] 刘祥译. 断奶仔猪多系统衰竭综合征——加强继发感染的控制 [J]. 今日养猪业，2004，(4)：27-29.

[134] 聂立欣，孔小明，罗满林，等. 仔猪感染pcv-2的病理组织学变化 [J]. 畜牧与兽医，2006，38 (8)：51-52.

[135] 吕铭凡. 猪圆环病毒感染的流行特点及防控对策. 畜牧与兽医，2004，(3)：129-131.

[136] 沈彩信. 浅析猪圆环病毒病的防治 [J]. 动物医学进展，2006，(5)：24-25.

[137] 李华，杨汉春，张小梅，等. 猪血液和淋巴组织中淋巴细胞亚群表型分析 [J]. 农业生物技术学报，2000，8 (1)：37-40.

[138] 陶义训. 免疫学和免疫学检验. 第2版. 北京：人民卫生出版社，1999.

[139] 李华，杨汉春，许勇钢，等. 猪繁殖与呼吸综合征病毒感染仔猪淋巴细胞亚群的动态 [J]. 中国免疫学杂志，2001，17 (3)：208-211.

[140] 李宗森. 断奶仔猪多系统衰竭综合征的诊断 [J]. 湖南畜牧兽医，2003，(4)：30-33.

[141] 唐伟，黄建华. 断奶仔猪多系统衰竭综合征的防治 [J]. 畜牧兽医科技信息，2004，(9)：29-31.

[142] Waiker I W, Konoby C A, Jewhurst V A, et al. Development and applicnter of a competitive enzyme-linked immunosorbent assay for the detection of serum antibodies to porcine circovirus type 2 [J]. Vet Diagn Invest，2000，12 (5)：

400-405.

[143] Liu C, Ihara T, Nunoya T, et al. Development of an ELISA based on the baculov-irus-expressed capsid protein of porcine circovirus type 2 as antigen [J]. J Vet Med Sci, 2004, 66 (3): 237-242.

[144] Allan G M, McNeilly F, Kennedy S. Isolation of porcine circovirus-like viruses from pigs with awashing desease in the United States of America and Europe [J]. JVet-DiagnInvest, 1998, (10): 3-10.

[145] Segales J, Domingo M. Postweaning multisystemic wasting syndrome (PMWS) in pigs [J]. AreviewVetQ, 2002, 24: 109-124.

[146] Steveson G W, Kupel M, Mittal S K. Ultera-structure of papovairus-and picornavir-us-like particles in permanen pig kindeney cell lines [J]. Vet Path, 1999, 36: 365-378.

[147] Segales J, Pineiro C, Lampreave F, et al. Acute phage protein concentrantion are in-creased in Spain [J]. Veterinary Record, 2003, 146: 675-676.

[148] Darwich L, Pie S, Rovira A, et al. Cytokine mRNA expression profiles in lymphoid tessuws of pigs naturally affected by postweaning multisystemic wasting syndrome [J]. Journal of General Virology, 2003, 84: 2117-2125.

[149] Kim J, Choi C, Chae C. Pathogenesis of postweaning multisystemic wasting syn-drome reproduced by co-infection with Korean isolates of porcine circovirus 2 and porcine parvirus [J]. Journal of Comparative Pathology, 2003, 128: 52-59.

[150] Allan G M, Ellis J A. Porcine circoviruses: a review [J]. Joumal of Veterinary Diag-nostic Investigation, 2000, 12: 3-14.

[151] Darwich L, Segales J, et al. Pathogenesis of postweaning multisystemic wasting syndrome caused by Porcine circovirus 2 an immune riddle. Archivves of Virology [J], 2004, 12: 23-29.

[152] Rosell C, Segale s J, Plana-Duran J, et al. Pathological, immunohistochemical, and in-situ hybridization studies of natural cases of Postweaning Multisystemic Wasting Symdrome (PMWS) in pigs [J]. Joumal of Comparative Pathology, 1999, 120: 59-78.

[153] Todd D. Circoviruses; immunosuppressive threats to avain species [J]. A review. Avian Pathology, 2000, 29: 373-394.

[154] Gilpin D F, McCullough K, Meehan B M, et al. In Vitro studies on the infection and replication of porcine ciucovirus type 2 in cells of the porcine immune sysem [J]. Veterinary Immunology immunopathology, 2003, 94: 149-161.

[155] Gilpin D F, Stevenson L S, McCullough K, et al. Studies on the in vitro and in vivo effect of porcine circovinus type 2 infection of porcine monocytic cells [J]. ZOO-POLE de veloppement (ISPAIA), France, 2001, 97: 53-67.

[156] Krakowski L，Krzyzanowski J，Wrona Z，et al. The influence of nonspecific immu-nostimulation of pregnant sows on the immunologicalvalueofcolostrums [J]. Vet Immunol Immunop，2002，87：89-95.

[157] Pofranichnyy R M，Yoon K J，Harms P A，et al. Characterization of immune re-sponse of young pigs to porcine circovirus type2 infection [J]. Viral Immunology，2000，13 (2)：143-153.

[158] Harding J C S，Clark E G，Strokappe J H，et al. postweaning multisystemic wast-ing syndrome ：Epidemiology and clinical presentation [J]. Journal of Swine Health Productinon，1998，6：249-254.

[159] Sarli G，Mandrioli L，Laurenti M，et al. Immunohistochemical characterization of the lymph node reaction in pig post-weaning multisystemic wasting syndtome (PM-WS) [J]. Veterinary Immunology and Immunopathology，2001，83 (5)：53-67.

[160] Chianini F Majo N. Segales J，et al. Immunobistochmical chamcteristion of PCV2 as-sociate lesions in lyinphoid and non-lymphoid tissuses of pigs with natural postwean-ing multisystemic wasting syndrome (PMWS) [J]. Veterinary Immunology Immu-nopathology，2003，94 (3)：63-75.

[161] Clark E G. Post-weaning multisystemic waning multisy st emic synd rone [J]，prol Am Assol swine pract，1997，28：499-501.

[162] Harding J C S，Clark E G. Recoging and diagnosing postweaning multisystemic wasting syndrome (PMWS) [J]. Journal of Swine Health Production，1997，5：201-203.

[163] Ellis J，Hassard L，Clark E，et al. Isolation of circovirus from lesions of pigs with postweaning multisystemic wasting syndrome [J]. Canada Veterinary Joumal，1998，7 (39)：44-51.

[164] Tischer I，Gelderblom H，Vettermaon W，et al. A very small prcin evirus with cir-cular single-stranded DNA [J]. Nature，1982，295 (9)：64-66.

[165] Tischer I，Rasch R，Tochtermarm G. Characterrzation of papovavirus-and picoma-virus-like particles in permanent pig kidney cell line [J]. Zenwable Bakteriol Org A，1974，226：153-167.

[166] Hines R K，Lukert P D. Porcine circovirus as a cause of congenitaltremors in new-born pigs [J]. Proceeding of American Association of Swine Practitioners，1994，15：344-345.

[167] Allian G M，McNeilly F，Meehan B M，et al. Is olation and characterization of cir-coviruses from pigs with wasting symdromes in Spain，Denmark and Northen Iren-land [J]. Vet Mircobiol，1999，66 (4)：115-123.

[168] Allan G M，McNeilly F，Ellis J. Experimental infection ofcolostrum deprived pig-lets with porcine circovirus 2 (PCV2) and porcine reproductive and respiratory

sydrome virus（PRRVS）potentiates PCV2 replication [J]. Archive of Virology, 2000, 145: 2421-2429.

[169] Krakowka S, Ellis J A, McNeilly F. Activation of the immune system is the pivotal event in the production of wasting disease in pigs infected with porcine circovirus-2（PCV-2）[J]. Veterinary Pathology, 2001, 38: 31-42.

[170] Krakowka S, Ellis J A, Meehan B. Viral wasting syndrome of swine: experimental reproduction of PMW S in gn otobioties swine by co-infection with porcine circovirvs-2（PCV-2）and porcine parvovirus（PPA）[J] _ Veterinary Pathology, 2000, 37: 254~263.

[171] Tischerl, Mields W, Wolf, D. Stydies on the path ogenicity of procine circovirus [J]. Arch virol, 1986, 91: 271-276.

[172] Allan G M, McNeilly F, Cassidy J P. Patho genesis of porcine circovirus Expermental infections of colostram deprived pig lets and examination of pig oetalmaterial [J]. Vet Microbi-ol, 1995, 44: 49-64.

[173] Darwich L, segales J, Domingo M, et al. Multisystemic wasting syndrome-affected pigs and age-matched unifected wasted and healthy pigs correlate with lesions and Porcine circovious type 2 load in lymphoid tissyes American society for Microbiology [J]. Clinical and Diagnostic laboratory Immunology, 2002, 9（2）: 236-242.

[174] Sanchez Jr R E, Meerts P, Nauwynck H J, et al. PCV-2 replication in lymph nodes of pigs inoculated in cate-gestation or postnatally: Virus quantification, mmunophenotyping of target cells and realation to dinical and pathological outcome of infction [A]. Proceedings of the 4th International Symposium on Emerging and Re-emerging Pig Diseases [C]. Rome: Palazzodei Congressi, 2003, 162-163.

[175] Sarli G, Mandrioli L, Laurenti M et al. Immunohistochemical characterization of the lymph node reaction in pig post-weaning multisystemic wasting syndtome（PMWS）[J]. Veterinary Immunology and Immunopathology, 2001, 83: 53-67.

[176] Carrasco F, Segal e s J, Bautista MJ et al. Intestinal chlamydial infection concurrent with postweaning wasting syndrome in pigs [J]. Veterinary Record, 2000, 146: 21-23.

[177] Tischer I, Mields W, Wolf D. Stydies on the path ogenicity of procinecircovirus [J]. Arch Virol, 1986, 91: 271-276.

[178] Dulac G C, Afshar A. Porcinecircovirusin Canadianpigs [J]. Can-JVetRes, 1989, 53: 431-433.

[179] Horner G. Pig circovirus antibodies present in Newzeland pigs [A]. Surveillance Wellingto, 1991, 18: 23.

[180] Edwards S, Sands J J. Evidence of circovirus infection inBritish pigs [J]. VetRec, 1994, 134: 680-681.

［181］ HinesR K. Porcine circovirus as a cause of congenital tremors in newborn pigs ［M］. Proc Amer Assoc Swine Pract，1994，344-345.

［182］ Krakowka S，Allan GM，Ellis J，et al. Experimental infection of colostrums deprived piglets with porcine circovirus 2 and porcine reproductive and respiratory syndrome virus potentates PCV-2 replication ［J］. Vet Pathol，2000，37：254-263.

［183］ McNeilly F，Allan GM，Foster C，et al. Effect of porcine circovirus infection on porcine alveolar macrophage function ［J］. Vet Immunol Immunopathol，1996，49：295-306.

［184］ Shibahara T，Stato K，Ishikawa Y，et al. Porcine circovirus induces B lymphocyte depletion in pigs with wasting disease syndrome ［J］. J Vet Med Sci，2000，62：1125-1131.

［185］ Darwich L，Sehales J，Domingo M，et al. Changes in the CD4$^+$，CD8$^+$，CD4/CD8 double positive cells and IgM＋cell subsets in peripheral blood mononuclear cells from postweaning multisystemic wasting syndrome affected pigs and age matched uninfected wasted and healthy pigs，correlates with lesions and porcine circovirus type2 load in lymphoid tissues ［J］. Clinical Diagnostic Laboratory Immunology，2002，9：236-242.

［186］ Clark E G. Post-weaning multisystemic waning multisy st emic synd rone ［J］，prol Am Assol swine pract. 1997，28：499-501.

［187］ Ellis J，Hassard L，Clark E，et al. Isolation of circovirus from lesions of pigs with postweaning multisystemic wasting syndrome ［J］. Can Vet J，1998，7（39）：44-51.

［188］ Rosell C，Segalĕs J，Plana-Durán J，et al. Pathological. immunohistuchemical，and in. situ hybridisation studies of natural cases ofPostweaning Multisystemic Wasting Syndrome（PMWS）in pigs ［J］. Journal ofComparative Pathology，1999，120：59-78.

［189］ Shibahara T，Satu K，Ishikawa Y，et al. Porcine circovirus induces B lym phocyte depletion in pigs with wasting disease syndrome It. Journal Veterinary Medicine Science，2000，62：1125-1131.

［190］ Tischer I，Peters D，Rasch R. Replication of porcine circovirus：induction by glucosamine and cell cycle dependence. Archive of Virology，1987，96：39-57.

［191］ Chianini F，Majo N，Segalĕs J，et al. Immunohistochemical characterisation of PCV2 associate lesions in lymphoid and non-lymphoid tissues of pigs with natural postweaning multisystemic wasting syndrome（PMWS）［J］. Veterinary Immunology Immunopathology，2003，94：63-75.

［192］ 徐胜奎. 基于细菌菌影的猪圆环病毒病基因工程亚单位疫苗的研制 ［D］. 北京：中国农业科学院硕士学位论文，2017.

[193] 唐颖. 七种免疫增强剂及其复方对猪圆环病毒 2 型基因工程疫苗的免疫增强作用研究 [D]. 扬州：扬州大学硕士学位论文，2017.

[194] 孙加节，蒋勇，习欠云，等. 人参复合多糖提高猪圆环病毒疫苗免疫效果的研究 [J]. 中国预防兽医学报，2016，38 (9)：734-738.

[195] 苗配思. 猪圆环病毒 2 型病毒样颗粒疫苗的初步探索 [D]. 广州：华南农业大学硕士学位论文，2016.

[196] 徐蓉，白娟，刘捷，等. 猪圆环病毒 2 型和副猪嗜血杆菌 5 型二联灭活疫苗研制与免疫效力研究 [J]. 畜牧与兽医，2015，47 (3).

[197] 赵海忠，李良华，王德才，等. 猪圆环病毒 2 型疫苗与猪支原体肺炎疫苗混合免疫效果评价 [J]. 畜牧与兽医，2019，(03) 016.

[198] 董信田，李玉峰，姜平，等. 猪圆环病毒 2 型灭活疫苗的制备与免疫效力研究 [J]. 畜牧兽医学报，2008，39 (5)：639-644.

[199] 张毅，李郁，刘文，等. 猪圆环病毒 2 型疫苗免疫对母猪繁殖性能及仔猪母源抗体水平的影响 [J]. 动物医学进展，2012，33 (11)：27-30.

[200] 汪伟，何孔旺，温立斌，等. 人参皂苷 Rb1 对猪圆环病毒 2 型疫苗免疫的增强效果 [J]. 江苏农业科学，2018，46 (21)：188-190.

[201] 任桂萍，张腾，吴超，等. GM-CSF 和 FliC 作为新型复合生物佐剂对猪圆环病毒疫苗的免疫增强效果 [J]. 东北农业大学学报，2018，49 (10)：73-81.

[202] 李结，路鹏云，郑宁，等. 不同类型圆环疫苗免疫效果分析 [J]. 广东饲料，2018，(1)：24-26.

[203] 周盼伊. 解密圆环疫苗新时代风向标——圆柯欣 [J]. 中国动物保健，2018.(2)：20-22.

[204] 于淼，王洪利，宋之波，等. 猪圆环病毒疫苗临床免疫效果观察 [J]. 畜牧与兽医，2017，49 (12)：124-127.

[205] 张雪花，张道华，陆吉虎，等. 高效佐剂对猪细小病毒和圆环病毒二联灭活疫苗的免疫增强效果 [J]. 江苏农业学报，2018，34 (02)：126-132.

[206] 李长海，李钢，王爱国. 猪圆环病毒疫苗在规模化猪场的使用效果研究 [J]. 畜牧与兽医，2018，50 (2)：97-99.

[207] 宋婷玉，李金海，肖永乐，等. 壳聚糖纳米颗粒包裹猪白细胞介素 2 和融合白细胞介素 4/6 基因对猪圆环病毒 2 型疫苗免疫的强化 [J]. 四川动物，2018，37 (2)：156-163.

[208] 杨大洪. 猪圆环病毒基因结构及疫苗研究进展 [J]. 农家致富顾问，2017，(6)：40-41.

[209] 潘杰，范娟，刘俊斌，等. 猪圆环病毒 2 型灭活疫苗（YZ 株）的制备及对仔猪免疫效力的评价 [J]. 畜牧与兽医，2017，(7).

[210] 朱子健，唐志芬，杨金雨，等. 猪瘟兔化弱毒疫苗与猪圆环病毒 2 型灭活疫苗同时接种的免疫效果评价 [J]. 中国预防兽医学报，2017，39(2)：148-151.

[211] 王一平，郭龙军，唐青海，等.猪圆环病毒2型疫苗的研究进展[J].畜牧兽医学报，2012，43（9）：1337-1345.

[212] 焦茂兴，杨虎，徐兴莉，等.猪圆环病毒病的流行及疫苗应用研究进展[J].宜春学院学报，2016，38（6）：83-85.

[213] 黎先伟.猪圆环疫苗免疫失败的原因及最佳免疫时间的选择[J].兽医导刊，2016，（11）：51-52.

[214] 邹昌进，刘紫微，胡仕凤.规模猪场不同圆环病毒疫苗和蓝耳病疫苗联合免疫效果比较[J].湖南畜牧兽医，2015，（6）：16-19.

[215] 汤建立，王雅婷，李进明，等.猪圆环病毒及疫苗研究进展和猪圆环病毒病的防控措施[J].河南畜牧兽医（市场版），2018，39（10）：33-35.